# 茶水間的數學

**學校這樣教數學就好了，光靠死背沒有用，每個公式、定理，都是一則思考的故事**

新訂 茶の間の数学（上）

小學學歷的數學大師
**笹部貞市郎**——著
文子——譯

# 目　次

# 第一章　數學 ── 因需要而發現　　15

# 第四章 數學靈光，行遍天下

## 第五章　隨想錄：
## 　　　　你需要怎樣的心理素質？　171

推薦序
# 輕鬆閱讀數學、談數學，增長聰明

前國立臺灣師範大學數學系教授／洪萬生

　　本書作者只有 8 年的尋常高等小學的學歷，但是，他完全仰賴自修，而成為「小學畢業的數學大師」。平心而論，他基於極為有限的數學經驗，力爭上游，而成為頗有見地的多部數學書籍（主要是辭典）之編著者，對於數學教育來說，他的貢獻的確令人難以望其項背。尤其，日本東海大學教授渡邊純三特別指出：「在辭典內容的統一性及作者的見解上，笹部貞市郎獨自完成的《問題解析法辭典》，與一般的數學辭典有著不同的意義。」至於此一獨到處，乃是因為作者將各種數學問題分類，再匯集各方理論編著而成。

　　他的著述成就正好也充分說明，數學是可以憑著天賦才氣，而自修成材的一門學問。不過，他所以能夠成功，也可能基於如下兩個因素。首先，日本和算遺產如「遺題繼承」及「算額奉納」的唾手可得，因為即使是鄉間神社的奉納算額，也不乏頗有深度的數學問題。其次，這種深厚的數學文化之薰陶，再加上明治以來「求新知於全世界」之號召，激勵有志之士的探索精神與毅力。另一方面，作者的書寫延續了 18 世紀以來的數學普及風潮，同時也呼應了町人主導的（大眾）文化走向。

　　因此，從數學普及乃至於人生勵志的關懷面向來看，本書的確充分見證了作者的苦學與成長背景。例如，第五章〈隨想錄：你需要怎樣的心理素質？〉就道盡了作者自己及他人的成長奮鬥故事，與讀者分享他豐富的人生經驗。

　　這種勵志的書寫，正是本書的主要特色。他所述說的感人故事，當然也包括數學家在內。事實上，本書前言標題就是「想對數學感興趣？先從數學史開始吧」。作者指出：「近年來，有不少教育界人士主張，必須在數學教育中加入更多數學的故事 —— 也就是數學史，正是爲了要誘發學生學習數學的興趣。」

　　本書數學史的材料，大都是作者因應自己的教學需要，收集並整理出版而成。第一章內容包括古埃及、巴比倫、阿基米德（及和算家）有關圓周率的研究、丟番圖乃至於印度與阿拉伯人的貢獻。第二章簡要介紹和算傳統與成就，尤其是關孝和的傑出貢獻。在第三章〈數學史：許多人變聰明的故事〉中，作者收錄數學（家）的遺文軼事，藉以引發我們的好奇心。至於第四章，則是〈數學靈光，行遍天下〉，作者彙編從古到今的數學益智遊戲題目，也分享他的相關評論，相當值得我們欣賞。

　　總之，由於這些故事內容強調茶水間的「休閒」，又由於其中問題及其求解，乃至於數學敘事，都充分反映作者的現身說法，所以，我們都能以輕鬆的心情閱讀、談論以增長聰明。換言之，作者希望在本書所分享的，不只是解題經驗而已，還包括更有意義的數學史洞識。

## 增訂版序
# 小學畢業的數學大師

日本東海大學教授、理學博士／渡邊純三

　　本書綜合了笹部貞市郎所著《茶水間的數學》、《茶水間的數學 續版》、《茶水間的數學 新版》三本書的精華所發行的增訂版。笹部貞市郎於明治 20 年（1887 年）出生於岡山縣手莊村（現在的高梁市）。在他畢生的成就當中，著有《問題解析法‧幾何學辭典》、《問題解析法‧代數學辭典》、《問題解析法‧微積分學辭典》、《數學公式辭典》，以及《問題解析法‧三角法辭典》等非凡著作，是位擁有卓越成就的數學家。

　　貞市郎所受的正規教育，只有 8 年的「尋常高等小學」（譯註：為日本在二次大戰前，將初等小學教育及高等小學教育合併的普通高等小學）。他身為農家的長子，因為家庭經濟因素，不得已只好放棄繼續升學。若是當時貞市郎能夠順利進入帝國大學繼續升學，想必能取得數學博士學位，擔任大學教授、一展所長。但假設貞市郎真的繼續升學並擔任大學教授，則必定無法完成這些「問題解析法辭典」等著作。「問題解析法數學辭典」是將各種數學問題分類，匯集各方理論編著而成，大學教授不可能如此專注，完成這樣的著作。

　　所謂的「數學辭典」，在現代數學中以分門別類的方式，解說各種專門用語（即數學概念），通常是由各專門領域的數學專家執筆完成。在辭典內容的統一性及作者的見解上，笹部貞市郎獨自完成的「問題解析法辭典」，與一般數學辭典有著不同的意義。

　　不只是大學教授，就連一般專注於這類書籍的編撰者，也幾乎不可能完成這樣的數學名著。要編撰「問題解析法數學辭典」，首先必須從許多資料中將問題分門別類，接著還必須一一解析。在鑽研數學問題期間，還必須顧及本身的生活問題：在耗費時日及精力完成這些著作的同時，得到的報酬是否能與付出的努力相等。笹部貞市郎不追求經濟上的利益，圓滿完成這樣的著作，我認為這不是一般人可以做得到的事。

　　笹部貞市郎除了編撰這些數學辭典之外，於二次大戰前，還在東京創立了「武藏學院」補習班；二次大戰結束後，在故鄉岡山縣創立了「手莊學院」，又在東京設立了「聖文社」出版社。東京的武藏學院在日本戰敗後也隨之解散，而手莊學院因受到岡山縣的支援得以持續經營，成為現在的岡山縣立川上農業高等學校。

　　在昭和 35 年至 39 年間（1960 ～ 1964 年）出版的《茶水間的數學》，有正版、續版及新版共三本，分別介紹數學史、數學家列傳、數學典故、數學益智問題、隨想錄等。內容立義有別於當代坊間書籍，是鮮為人知的一代名著。這次我受到聖文新社出版社的委託，將《茶水間的數學》三本中的精華部分精簡彙整，重新編輯。能參與這部數學名著的編輯工作，深感無限榮幸。我在國中一年級時，在學校的圖書館發現這本書，後來引發我對數學的濃厚興趣，不眠不休的將「數學史」一口氣讀完，專注的神情至今還記憶猶新。在多年後，這本書重新編輯、再次發行，我認為在數學對現代人的影響等許多方面，具有深遠的意義。

　　數學及聖經學是舉世公認系統最完整的學問。而數學更是無論什麼時代，都與人類生活息息相關。在《茶水間的數學》中介紹的多位偉大數學家，每一位都竭盡畢生精力，專注於數學研究。數學與數學家之間的關係，可說是「數學」引導著學者的研究方向，也由於他們的深入鑽研，而建立起更完整的數學體系。

在日本，提到關於數學史的書，以高木貞治所著的《近代數學史談》最著名。高木貞治是日本最具代表性的數學家之一，其著作也幾乎是日本數學家必讀的書籍。但這本書的內容具有相當的專業程度，對於一般讀者來說，過於深奧難懂。高木貞治當初設定的閱讀對象，就是對數學有一定程度認識的讀者。

與高木貞治的著作相比，笹部貞市郎的《茶水間的數學》，內容更得簡單易懂。笹部貞市郎自稱「一介國中教師」。在國中的班級中，學生們對於數學的理解能力不一，教師必須以活潑有趣的解說方式，為不擅長數學的學生說明數學史的軼事典故。也就是說，笹部貞市郎的表達能力足以誘發讀者興趣，讓讀者一翻開扉頁閱讀便欲罷不能。不可否認的是，在原著中提到圓周率及電腦方面的主題時，與現今的情形已有一段差距。在增訂版已替換成最新的圓周率知識，應該不會讓讀者在閱讀上感到困惑。

德國數學家高斯（Carl Friedrich Gauss）能在極短時間內，算出 1 到 100 的總和；希臘數學家歐幾里得（Euclid）曾說「在學習幾何學的過程，不可能一帆風順」這句名言；法國數學家費馬（Pierre de Fermat, 1607 ～ 1665）留下「發現了最後定理，但因為在書頁邊緣已無空白之處，所以無法寫下定理的證明」這句令人費解的名言；晚年眼盲的瑞士數學家歐拉（Leonhard Euler）發現一筆畫原理；若能在茶餘飯後，將這些數學家們的軼聞，當成歷史故事閱讀，想必能讓讀者對數學感興趣。而且以輕鬆有趣的文字描寫這類軼事典故的書，我想除了《茶水間的數學》外，應該很難找到第二本了。另外，本書也介紹了日式算術的歷史，想必能引發許多人的興趣。

在數學益智問題部分，雖然篇幅有限，但在刪除了過於艱難的問題之後，大部分的問題是屬於以前的數學遊戲，絕大多數都能以聯立一次方程式或二次方程式輕鬆解答。作者好像特別鍾愛「分配剩餘、不足的算術

問題」。這類的問題早在日本江戶時代或西洋早期，就已流傳於庶民之間，先人的智慧隨著時代的演進流傳至今，更能體會到另一種數學的奧妙。但是，並不是所有收錄的問題都可以用方程式解答。此外，在這裡收錄的問題之一曾經被用來當作某大學研究所入學考試的題目（第 158 頁 Q28「這才是推理：帽子的顏色」），由此可見本書的內容是何等豐富。

在最後的「隨想錄」部分，收錄了作者自昭和 29 年（1954 年）以來，刊載於《應試數學》月刊雜誌的前言文章。這些文章反映了當時的社會現象，現代的讀者或許會感到文章內容與現代社會的現況有些許落差，但是對於對早期社會現象感興趣的讀者而言，這些都是值得再三吟味的文章。但是作者並不是評論家、也不是文字記者，他只是站在他的數學專長領域，表達自己對當時社會的看法。

身處於現代的我們，以及將來我們的子孫，應該學習笹部貞市郎勤勉不倦的精神。出身於明治時期的他珍惜每一分每一秒，專注於他所執著的領域。每天朝陽升起之時，總是感慨的說：「這一天的朝陽僅在這一天早晨升起，過了這個時候，絕不可能再次出現。像這般凝視著朝陽，感慨時光飛逝不再的人，究竟有多少？」

2004 年 11 月，我參加了東海大學理學部成立 40 週年的紀念酒會，在酒會上很榮幸的與當時聖文社笹部邦雄社長會面。當時我與笹部社長談到我在國中一年級時，由於拜讀了笹部貞市郎所著的《茶水間的數學》之後，從此步上了數學的生涯。也因為這個機緣，促成了這次增訂版的發行。在此為有幸參與這本著作的編輯工作，表達感謝之意。也深信這次的增訂版本，會讓更多的讀者拓展屬於自己的數學世界。

前言

# 想對數學感興趣？
# 先從數學史開始吧

　　在日本的德川時代（江戶時代，1603 ～ 1868 年），武士手拿算盤是無上的羞恥，反倒是對數學一無所知，更能突顯武士的地位崇高，值得向人稱耀。即使是現代，一提到數學，還是讓許多人立即聯想到棘手的 $\sin$、$\cos$、$\dfrac{dy}{dx}$、$\displaystyle\int_b^a$ 等數學算式，在心底築起一道牆，對數學退避三舍。

　　在國中、高中的課堂上，一個班級中總有幾個數學不靈光、或老是蹺數學課的學生，但是老師並不會因此而放棄教導這些學生。他們總會設法找出適當的機會，以活潑有趣的角度介紹數學史，內容包括埃及金字塔的數學問題、受婆羅門祭禮影響而發展出來的印度數學、發現畢達哥拉斯定理的由來、牛頓少年時期的軼事等話題，以引導的方式讓那些對數學不感興趣的學生也能專心聽講。

　　這種啓發性的教學方式，直接或間接的成了讓學生對數學感興趣的契機。近年來，有不少教育界人士主張，必須在數學教育中加入更多數學的故事——也就是數學史，正是爲了要誘發學生學習數學的興趣。

　　我從大正時期到現在，長年以來服務於教育界，深深的體會到在平常的教學中加入數學史的重要性，也因教學的需要，收集了許多數學史的相關資料。其中的部分資料刊載於我所著的《應試數學》雜誌中，但是因爲近年來受限於篇幅，無法持續刊載數學史相關的文章。有不少讀者向我表達遺憾「沒辦法繼續刊載嗎？」因此，這次以單行本的形式，將數學史收錄於《茶水間的數學》這本書中。

　　從書名就能看出，這本數學書籍希望能讓讀者在公司茶水間、私人閒暇時都能以輕鬆的心情閱讀、談論以增長聰明，跟「探究數學史」或「數學史之相關研究」之類艱深難解的數學史書籍不同，只單純收錄一些數學史上的故事編輯成冊。雖是比較不生硬、艱難的數學書籍，但本書中提到的史實相關內容，都是經過考據求證，將典籍史料忠實呈現給讀者。

　　本書內容大致是這樣編排的：第一章述說從遠古時期至現代數學的演進，第二章提到中國數學以及日本特有的日式算術。日本人總覺得，自己在數學方面的認知能力先天不足，因而感到自卑。大多數人認為，日式算術（和算）只不過是以算盤做加法計算，但是從江戶時代的關流數學（以關孝和為首的日式算術學派）開始，許多學派均在數學研究上有驚人的成就，陸續出現幾位大數學家。為了要讓世人知道祖先的數學才能並不輸給其他國家，特別編輯了一個章節來介紹日本的算術。第三章收錄了數學相關的趣文軼事。第四章收錄了從古代流傳至今的數學益智遊戲。

　　並非在此誇才賣智，不只是在學學生可以當作課外讀物，國中、高中的理科數學教師若能撥冗閱讀拙著，更是我無上的榮幸，敬請不吝給予批評指教。平日與數學無緣的一般讀者，若能在茶餘飯後閱讀本書，從本書得到啟發，相信在教導子女學習上必見成效。

　　最後第五章收錄在下所編的《應試數學》及《高中數學》雜誌之前言部分，這只不過是將當時所見所聞隨筆記錄下的小文章。

　　謹請批評指正為荷。

【增訂版註】本前言為《茶水間的數學》原著之前言部分，為因應增訂
　　　　　　版的內容而重新改寫。又，本書作者的所有著作，在日本
　　　　　　都成為中學與大學課本，在中國更是幾乎全部翻譯成為簡
　　　　　　體字版本。

# 第一章

## 數學——
## 因需要而發現

- 古埃及、巴比倫時代怎樣計算？
- 為何尼羅河孕育了幾何學？
- 圓周率 π 是如何推算出來的？
- 丟番圖、印度人和阿拉伯人對代數有什麼貢獻？

# 1 | 數學的起源，從數手指、腳趾開始

## ■ 超過 3，就算是很多

英國知名的旅行家高爾頓，在其著作中提過一段小故事，內容描述紐西蘭有個名為但馬蘭族的村落，主要靠游牧維生，放養許多羊隻，當白人踏上這片土地時，但馬蘭人有生以來第一次見識到菸草這種東西，十分渴望得到，於是提議以羊隻交換菸草。白人問他們打算以一頭羊換多少根菸草時，他們除了 1 及 2 之外，對其他數字都沒概念，於是回答 2 根菸草，因此白人便說：「那我們以 4 根菸草交換 2 頭羊。」

但是但馬蘭人對 4 這個數字毫無概念，只肯接受以 2 根香菸交換 1 頭羊的條件，但怎麼也不願意以 4 根香菸交換 2 頭羊。

另外，在《數字的故事》（*Number Stories of Long Ago*）這本經典的數學教育書刊中，刊載了這樣一段故事：從前在中國的幽山山麓有一個小王國，雖然說是一個王國，其實只不過是一個由同宗民族形成的未開化村落。這個王國的王子是一位陳姓的少年，有一天，王子在海邊抓到了烏龜，回到村落時向士兵們說：「我今天抓了很多烏龜」，他志得意滿的掀開蓋子時，籠子內卻只有 3 隻烏龜，但是士兵們還是齊聲歡呼：「哇！真的好多烏龜呀！」由於在當時，這個王國的人對於 3、4 等數字完全沒有概念，只將所有的數分為三類，除了 1 和 2，其他就是「無數」（很多）。

同一個時期，在亞洲西部的美索不達米亞平原，有一位男子名叫培

魯，他和名叫阿納姆的兒子一同以牧羊維生。每到夜晚驅離來襲的狼，或是抓回逃離柵欄的羊，是他們每天主要的工作。有一天晚上，阿納姆突然醒來，到羊舍巡視了之後大叫：「不好了，很多羊逃跑了」聽到兒子的叫喊，父親培魯也趕忙將逃跑的羊全部抓回來，其實逃跑的羊只有 4 頭。

　　這個牧羊民族對於數的概念，比起先前提到的陳姓王子稍有進步，已經可以數到數字 3 了。但因為對於 3 以上數量的計數方式完全沒有概念，所以將 4、5、6 等數量都歸類為「很多」。

## ■ 沒數學，日子怎麼過？

　　時至今日的文明社會，再怎麼愚笨無知的人，也都知道 100、1000 的計數單位。這全拜幾千、幾萬年以來，人類祖先費盡苦心研究數字之賜，才找出許多計數的方式及寫法。不過，現代仍有一些未開化的民族，對於數字毫無概念。

　　在二次大戰前、日本統治臺灣期間，深山的原住民部落裡設有日本人的村辦公室。當有事需要請村民到辦公室時，最大的問題是不知該如何向村民約定幾月幾日前來辦理，因為村民根本不知道是哪一天。例如向村民說 3 天後或是 4 天後來辦公室，村民不知道 3、4 怎麼算。

　　於是村辦公室的人想了一個方法。村辦公室的聯絡人先到需要聯絡的村民家裡，將庭院的一棵大樹約視線高度位置的樹皮削平，然後在上面畫上四條線。他們教導村民在夕陽西下時擦掉一條直線，第二天日落時分再擦掉第二條線，第三天再擦掉第三條線，到了最後剩下一條線的那一天，就是該到村辦公室報到的日子。

太平洋戰爭期間，日本軍隊的士兵曾命令某個印尼村落的酋長從事整備工作，這位酋長的手下約有五十多人，但是酋長並不知道實際的人數到底是多少，也完全不會計數的方式。話雖如此，酋長卻能在沒點名的狀況下，知道每天早上出去工作的人數，與傍晚從工作現場回來的人數一致，這位酋長到底是如何管控人數呢？原來每天早上，酋長會先在一個地方集合手下，發給每人一個拳頭大小的石頭，出發前往工作場所時，將石頭投入酋長面前的一個箱子裡，換句話說這個方式與出勤簽到簿有同樣的功用。晚上收工回來時，每個人再從酋長那邊領取一個石頭以及當天的工作酬勞，隔天重複同樣的方式。日本士兵看見酋長以這樣的方式管理手下的出勤狀況，終於解開了心中的疑惑。

## ■ 為什麼會有 5 進位、10 進位的起源，因為人類有 5 根手指頭

就像這樣，人類為了解決生活上的問題，在懵懂中摸索，漸漸萌生數的觀念。隨著經驗的累積，逐漸開始學會數字加減的計算方法。

人一開始是使用手指及腳趾來數東西的數量，有一本書裡記載了先民計算數量的方式。住在格陵蘭的原住民，以手指及腳趾來計算數量，方式如下：

伸出右手食指代表 1。

加上中指代表 2。

加上無名指代表 3。

再加上小指代表 4。

最後再加上拇指則代表 5，單手的數字表示方式就到 5 為止。

像這樣從 1、2、3、4 到 5 為表示數字的一個段落，5 進位也就是從

手指數數開始。

　　右手的 5 隻手指再加上左手的食指則代表 6 ，並以同樣的方式表達 7、8、9，伸出左手各 5 隻手指則代表 10，這也就是 10 進位的起源。接下來為了要表示 11 以上的數字，就必須要運用到腳趾。雙手 10 指再加上 1 個腳趾代表 11，也用同樣的方式表達 12、13……，運用雙手雙腳最多也只能表示到 20 為止。若要表示 21 以上的數字似乎有點麻煩，據說還必須再請一個人，借用他的手指腳趾來數數。

## 數字的唸法歐亞大不同

　　在遠古時期的原始民族或是現代的未開化民族，對於數的知識是如此缺乏，而到了現今的文明時代，新的挑戰則是數字的唸法因國家而各不相同。以日本來說（華人也一樣），數字是從 1、2、3、4……數到 10，接著從 11、12 、13……數到 20，……28、29 數完之後接著是 30、31……這樣一路數下去。其他國家有許多不同的數字唸法。以英語為例，從 one、two、three……數到 nine、ten，接著 11 的唸法不是 ten-one 而是 eleven，12 不唸作 ten-two 而是 twelve。接著 13、14……19 為 thirteen、fourteen……nineteen，20 不是 two-ten 而是 twenty。與英語相較之下，日本人（與華人）的數字唸法，要來得簡單明瞭多了。

## 數字的分位

　　日本與華人數字的數法有一個很大的優勢，請試著唸唸下面的數字：

532682732094321 日圓

若不標示適當的分位符號，根本不曉得該怎麼唸，但若自個位數起，每四位數標示一個分位符號的話，

| 兆 | 億 | 萬 | 個 |
| --- | --- | --- | --- |
| 532 | 6827 | 3209 | 4321 日圓 |

這個數字就變得一目瞭然，馬上就能讀為：

532 兆 6827 億 3209 萬 4321 日圓

也就是說，日本與華人的分位法是個、十、百、千、萬，接著是十萬、百萬、千萬，而萬萬稱為億，萬億稱為兆，萬兆則稱為京。

個、十、百、千、萬一般稱為「小單位」，萬、億、兆、京等則稱為「大單位」。

## ■ 阿僧祇有多大？

我們都知道數字是無限大，那麼比億、兆還要大的數字該怎麼稱呼呢？吉田光由所寫的《塵劫記》是古代的日本數學書，書中對於大單位的表示法如下：

萬、億、兆、京、垓、秭、穰、溝（劫）、澗、正、載、極

而極大的單位表示法則為：

恆河沙、阿僧祇、那由他、不可思議、無量大數等

雖然用了這些艱澀的名稱形容極大的單位，但日常生活並不會用到

「兆」以上的單位，所以也可以把這些單位名詞當成天馬行空。

## ■西方國家的分位法，每三位數取一段

在英美等國家，數字的單位表示法則是「1」為 one、「10」則為 ten、「1,000」則為 thousand、「10,000」則為 ten thousand（即為「十千」的意思）、「1,000,000」則不稱為 a thousand thousand，而是另賦予新的單位名 million（百萬），而 10 millions、100 millions 以上的 1000 millions 則另稱為 billion（十億），美國是每三位數就取一新單位名，因此完全無法理解像日本的四位數區分法，而是必須每三位數取一段，試將下列的大數字每三位取一段：

　　十　百
　億　萬　千
432,563,253,263 日圓

這樣對西方人來說一看就懂，但華人和日本人就須記住第一個分位單位為千，接著是百萬，第三個分位單位為十億，但若是每四位取一段的話，則變成：

　億　　萬
4325,6325,3263 日圓

這樣分段的話，日本人比較容易懂。對日本人而言，三位數的分位法事實上是很麻煩的。

## ■ 三分位法、四分位法的優缺點

在記數法方面，三位數分位法或四位數分位法的優劣常常被拿來爭辯，其實這原本是起源於數字名稱的差異。如在日本或中國等國家，習慣將大單位以四位數分位爲萬、億、兆，當然四位數分位法就較爲方便。但是，實際上的問題是，現今大多數的先進國家，都是採用英美的分位法，每三位數爲一分位，因此來自國外的各式統計文件或是實驗報告，以及通商貿易等充斥數字的文件，幾乎毫無例外都使用三分位法，我們對外文件的數字也得全都採三分位法，才得以通行。

而且即使在國內，銀行等商業往來或各種文件，也都爲了順應世界趨勢而逐漸慣用三分位法了，此時熟記第一分位爲千，第二分位爲百萬，第三分位爲十億會較爲方便。

## ■ 手指與「5」進位

根據研究埃及古籍的資料顯示，埃及人在教導孩子數數時，是以 5 根手指爲基準，依序數 1、2、3、4、5，6爲 5 加 1，7爲 5 加 2，8爲 5 加 3，以 5 爲單位依序數下來，而 10 就數作 2 個 5，20爲 4 個 5，17爲 3 個 5 加 2。

鐘錶面盤上所使用的羅馬數字 I、II、III、IIII（＝IV）象徵手指，V 則爲單手拇指與食指打開朝上的象形文字，X 則爲兩手交叉組成的形狀，顯然是以手指來表示數字。

（羅馬數字）

| I | II | III | IV | V | VI | VII | VIII | IX | X | XX | XXX | XL |
|---|----|-----|----|---|----|-----|------|----|---|----|-----|-----|
| 1 | 2 | 3 | 4 | 5 | 6 | 7 | 8 | 9 | 10 | 20 | 30 | 40 |

| L | LXX | XC | C | CC | CCC | CD | D | DCCC | CM | M |
|---|---|---|---|---|---|---|---|---|---|---|
| 50 | 70 | 90 | 100 | 200 | 300 | 400 | 500 | 800 | 900 | 1000 |

　　關於羅馬數字的起源有很多種說法，不見得一定是象形文字。而且最早 IV（4）記爲 IIII，IX（9）記載爲 VIIII。

　　兩千多年前，在中美洲巴拿馬運河一帶，曾經出現擁有相當高度文化的馬雅族，他們用下列的方式表示數字：

| 1 | 2 | 4 | 5 | 6 | 7 | 10 | 17 |
|---|---|---|---|---|---|---|---|

　　由此可知，他們是以 5 進位來數數，另外有一種說法是，馬雅族是以 20 進位，也就是以 20 爲單位來計算數字的，但後來馬雅人遭到白種人的迫害，在四百至五百年前滅亡，所以我們無從查證眞相到底是什麼。

## ■關於 10 進位及 12 進位

　　隨著要數的數字愈來愈大，單手的五根手指愈來愈不夠用，於是人類想可以用雙手十根手指來計算，於是在 1、2、3、4、5 之後便有了 6、7、8、9、10。

　　在此我想順便提出一個現象，那就是日本在教導小孩數 10 以內的數字時，都先教小孩說 hitotsu、futatsu、mittsu、yottsu，然後才教 ichi、ni、san、shi、go，同樣的數字卻有兩種讀音，但 10 以上就只有一種讀音，爲什麼會這樣呢？關於這一點，有人作出以下解釋。

　　原來將 1、2、3 念爲「hitotsu」「futatsu」「mittsu」是自古以來的日文讀音，而「ichi」「ni」「san」的讀音則是後來從中國傳來的。

　　日本古時候對數字的概念極為貧乏，幾乎沒有算過 10 以上的數字，大抵 10 以下的數字就足以應付，所以沒有 10 以上的數字名稱，當時認為 8 或 9 就是相當大的數目了。因此日文中有許多以八代表多數的詞彙，如大八洲、八束（八握）劍、八咫之鏡、八尋之底、八岐大蛇、八重雲、八重葎、八重垣，都是以八表現「多數」之意。

　　後來日本的文明逐漸開化，與中國往來頻繁，先前粗淺的計數方式已不敷使用，於是 10 以上的數字全都仿效中國使用的稱呼。

　　從前數字的數法為：

| 1 | 2 | 3 | 4 | 5 | 6 | 7 | 8 | 9 | 10 |
|---|---|---|---|---|---|---|---|---|---|
| （hi） | （fu） | （mi） | （yo） | （i） | （mu） | （na） | （ya） | （ko） | （to） |

　　後來在後面分別加上「to」「ta」「tsu」音等，讀為 1（hito）、2（futa）、3（mitsu）、4（yotsu），又再加上「tsu」音而底定。而提到「to、ta、tsu」所代表的意思，據說在古時候的語言裡是手指的名稱。

　　除了 10 進位之外，有人或許會感到奇怪，為什麼有時候要採用 12 進位法呢？那是因為 10 的因數比 12 的因數少，計算時採用 12 進位法會比較方便。

　　同樣的道理，羅馬時代也曾採用 60 進位法，這也是因為 60 的因數除了 1 和 60 之外，還有 2、3、4、5、6、10、12、15、20、30 等因數。現在我們表示角度時 1 度等於 60 分、1 分等於 60 秒的計算方式，就是承襲當時的 60 進位法。

## ■ 如何計算 n 進位法

　　前面提到各種不同的進位法，現在就讓我們來看看 n 進位法是怎麼演

算出來的。

　　先從簡單的 4 進位開始，1、2、3、4、5、6、7、8、9 分別是 1、2、3、10、11、12、13、20、21，若以 5 進位表示的話，就成爲 1、2、3、4、10、11、12、13、14。

　　那某數以 n 進位來表示的話，會變成多少呢？

　　例如：10 進位的數字 369，以 7 進位表示的話，

369 ÷ 7 等於 52 餘 5

　52 ÷ 7 等於 7 餘 3

　　7 ÷ 7 等於 1 餘 0

　　也就是說 $369 = 1 \times 7^3 + 0 \times 7^2 + 3 \times 7 + 5$，此數以 7 進位表示的話，等於 1035（在 7 進位當中 $7 = 10$、$7^2 = 10^2 = 100$、$7^3 = 10^3 = 1000$）。此問題一般以下列算式演算：

$$7 \underline{|\ 3\ 6\ 9}$$
$$\quad 7 \underline{|\ 5\ 2} \cdots\cdots \underline{5}$$
$$\qquad 7 \underline{|\ 7} \cdots\cdots \underline{3}$$
$$\qquad\quad \underline{1} \cdots\cdots \underline{0}$$

【答】1035

　　同樣的，10 進位的 832，以 5 進位表示的話，演算方式如下：

$$5 \underline{|\ 8\ 3\ 2}$$
$$5 \underline{|\ 1\ 6\ 6} \cdots\cdots \underline{2}$$
$$\quad 5 \underline{|\ 3\ 3} \cdots\cdots \underline{1}$$
$$\qquad 5 \underline{|\ 6} \cdots\cdots \underline{3}$$
$$\qquad\quad \underline{1} \cdots\cdots \underline{1}$$

【答】11312

　　接下來 4 進位的數字 321 以 10 進位表示的話，會是多少呢？4 進位的 321 爲 $(4^2 \times 3) + (4 \times 2) + 1 = 48 + 8 + 1 = 57$，可以用下列的算式演算：

$$
\begin{array}{r}
\quad\ 3\ \ 2\ \ \ 1 \\
+\ \underline{\quad\ 12\ \ 56\quad} \\
3\ \ 14\ \ \boxed{57}
\end{array}
$$

　　也就是先照 321 的順序寫上 3、2、1，將第 1 位的 3 移至算式下方，
3 × 4 = 12 寫在第 2 位的 2 下方，12 + 2 = 14 寫在算式下方，接著 14 × 4 =
56 寫在 1 的下方，56 + 1 = 57，最後求得的 57 就是答案。

　　以上所談的演算看似極其平常，不值得一提，但有趣的是，所有的數
字以 2 進位表示的話，全都可以用 0 和 1 來表示。

　　例如：10 進位的 0、1、2、3、4、5 以 2 進位來表示，分別是 0、
1、10、11、100、101，6 為 110，7 為 111，8 為 1000，9 為 1001，10 為
1010，一切數字都可以 0 和 1 這兩個數字來表示，只是位數會變大而已，
電子計算機（電腦）就是根據這個邏輯發明出來的。

# 2 | 阿拉伯數字差點叫「羅馬數字」，幸好羅馬人不愛數學

山鹿素行大師所寫的《中朝事實》一書，開頭有一段文字是這樣的：「久見滄海無窮者不知其大，久住曠野無涯者不知其廣，因日久而習以爲常。非僅滄海曠野，吾生於皇國，仍未聞其美，唯嗜讀外朝經典，嚮往其中人物，愚昧之至。」

人們總是把周遭的一切視爲理所當然，容易忘記每日的食物有多可貴，或是忽視時時刻刻所呼吸的空氣有多重要。不單是食物或空氣，我們日常生活中大量使用的數字 1、2、3，或輕鬆運用的 0、1、2、3、……、9 這 10 個數字，記載所有龐大數目的 10 進位記數法，或者利用＋－×÷＝等符號進行複雜的計算，從而進一步衍生出解析幾何學、微積分之類的高等數學，數學發展到今天這麼發達的程度，成爲一切科學文明的基礎，並不是一朝一夕就能成就，而是經歷數千萬年的歷史，由無數學者賭上身家性命鑽研出來的成果。

但是，我們動輒忘記這些先人的辛勞，對知識的可貴習以爲常，毫不在意。因此我想花一些篇幅敘述數字起源的故事，希望能對研究數學的演進有些幫助。

## ▓ 古代的記數法 —— 1.4 = 64

南洋有一個部族在計算物品時，10 個以內的東西以指頭計算，稍微多一點的數目，則以硬如核桃的樹果來計數，每 10 個樹果用一根椰子梗

表示，每 10 根椰子梗就以更大的椰子梗或其他樹木來表示 100。先前也提過其他未開化的部落也用類似的計數法，所以這種方法不是南洋人才會，只是有的憑藉手指進行 10 進位的計算，或藉手指與腳趾進行 20 進位計算，或以單手的手指運用 5 進位計算等等，大抵任何時代、任何地方的人類，計數的依據大致上都相同。

以羅馬數字來觀察，其數字表示為：

| I | II | III | IV | V | X | L | C | D |
|---|----|-----|----|---|---|---|---|---|
| 1 | 2 | 3 | 4 | 5 | 10 | 50 | 100 | 500 |

照 5、10、50、100、500 的規律來看，可以得知羅馬數字是以 5 和 10 為單位來計算的。

至於以 12 支為 1 打、12 打為 1 籮，這種以 12 為單位的計數方式，似乎也是自古以來就存在了。12 的因數有 2、3、4、6，我們平時經常用 $\frac{1}{2}$、$\frac{1}{3}$、$\frac{1}{4}$、$\frac{1}{6}$ 這些分數，證明了這些數字非常實用。

巴比倫人主要使用 60 進位法，60 的因數有 2、3、4、5、6、10、12、15、20、30，在運用時十分方便，因此他們廣泛使用 60 進位的計算方式，進一步使這個地區的民族，很早就發展出整數及分數的概念，孕育出有系統的數學。

當然，那時還沒有像現代一樣方便的阿拉伯數字可用，一切數目都以特殊符號表記，計算 $1^2$、$2^2$、$3^2$、……、$n^2$ 時，$1^2 = 1$、$2^2 = 4$、……、$7^2 = 49$ 都還可以，$8^2$ 不是以 64 表示，而是表記為 1.4（意指 60 + 4），$9^2 = 81$ 則表記為 1.21（60 + 21），$10^2 = 100$ 則表記為 1.40，$11^2 = 121$ 表記為 2.1。

這很顯然是運用 60 進位法的證據，據說這是從巴比倫某地挖掘出的泥板上發現的。

## ■ 阿拉伯數字，不是源自阿拉伯，是印度

現在我們把 10 進位法視爲理所當然，卻沒發覺這種進位法的可貴之處，因此我想花點篇幅說明：10 進位法的運用對數學發展有何貢獻。

從前的符號只是單純用來表示計算的結果，也就是答案，所以表示方法各國皆不同，古代日本人費盡心思利用算盤般的器具，或在板子上灑上細沙或微塵後再畫線，又或是利用日本和算的算木等工具表示。而印度是最早使用阿拉伯數字的地區，後來到了西元 5 ～ 6 世紀左右，又創造了 0 的用法和分位的原則，以 0、1、2、……、9 這 10 個阿拉伯數字表示一切數目，並靈活進行各種運算，堪稱數學發展史上值得大書特書的一件事。

## ■ 零打哪兒來的？

印度人除了創造阿拉伯數字，還用 0 表示空位，並藉由 10 進位表記一切大數目的方法，據說就是在西元 5 ～ 6 世紀的時候。

印度人將 0 稱爲 sunya，表示空白的意思，這種記數法後來被阿拉伯人所採用，將 sunya 譯爲 sifr，這個字在阿拉伯文裡也是空的意思。

之後在 13 世紀初，拉丁文將 0 稱做 Zephirum，自此之後 0 在各國有了不同的名稱，又過了大約一百年之後，0 又成爲義大利文中的 Zero，於是各國才統一稱爲 Zero。

## ■ 無限大怎麼表示，印度人很早就鑽研

從婆羅門教或佛教的歷史文獻，可知發明數字 0、1、2、3、……的印度人，有優秀的數字頭腦，很早就知道今日所謂的無限大的概念，而且也

研究極限理論、各種級數、質數等等。例如：佛教經典中的百千萬劫的「劫」字，有許多解釋，其中一種解釋為「有一塊 60 里見方的磐石，天上的天女每一千年到這塊磐石上跳舞一次，用衣袖撫摸這塊石頭。袖子很薄很輕，直撫摸到石頭都平了，沒有了，才算一小劫。」可見一劫有多久，而百千萬劫更是超乎想像的時間長度，時間無窮的例子能表現得這麼淋漓盡致，真是嘆為觀止。

另外，印度人還有一種形容空間無垠的方法，那就是有一位如來佛背後發出 3000 個光圈，照耀 3000 個宇宙，而每一個光圈裡都有一個如來佛，也各自發出 3000 個光圈照耀宇宙，之後每個光圈又有一個如來佛，又各自發出 3000 個光圈，用這種方法說明宇宙的廣大無邊。像這樣創造無限大空間與無限長時間的印度人，對於表達這類的數字，當然會特別感興趣而進行研究、思考（關於印度數學，稍後會再於第 8 節說明）。

## ■ 羅馬人不愛數學的結果

埃及、巴比倫等地有相當古老的遺物，很容易窺見當地古代的數字觀，不過在印度，這種古代數學的相關研究資料十分貧乏，因此很難看清古印度數學的全貌。不過根據史書記載，運用數字 1、2、3，且以 10 進位寫成的算術書，確實是印度人在一千兩百年前左右流傳至阿拉伯。當時的數字寫法與我們現代所使用的 1、2、3 不同，看起來歪七扭八的，但總之相當於現代的數字 1、2、3。

當時在阿拉伯，甚至歐洲各國所使用的數字，全都是使用起來很不方便的象形文字或單純的符號，因此，匯集 10 個 1 為 10，10 個 10 則為 100，10 個 100 為 1000，這種方便的 10 進位記數法，馬上就傳遍了整個阿拉伯地區，當地的商人和數學家都競相研究。當時印度和歐洲各國間的

通商往來幾乎都靠阿拉伯人居間仲介，印度人很少直接前往歐洲，因此數字及算術也都是靠阿拉伯人流傳至西歐。其中由印度人所寫的大多數算術書，也被譯為阿拉伯文，以「阿拉伯算術」之名傳至歐洲，因此其中所出現的數字也被稱為「阿拉伯數字」，但其實真正的起源地是印度，理應稱為印度數字才是。

阿拉伯數字的一大特徵，是以 0 表示空位，所有數字都可以隨心所欲的表示。其他如埃及數字、巴比倫數字或羅馬數字等，則是以極不方便的方式表示數字，這些僅是單純表示每個數字的符號，基本上是不可能用這些符號進行運算的。

日本早在江戶時代之前，就有數學學者知道阿拉伯數字，但一般大眾則是明治維新之後才運用西式算術，這就是為什麼日本的數學發展比歐美各國遲緩的緣故（編按：印度數學於隋唐傳至中國，但有系統的翻譯西方數學的則是 16 世紀的徐光啟，大量學習西方數學則是鴉片戰爭後）。

## 附　記

本來希臘數學應該傳至羅馬，但當時的羅馬人普遍對學問漠不關心，才會傳至往來不便的阿拉伯地區。阿拉伯人學習希臘數學的同時，也擷取了印度數學的精華，將兩者融合，可以說是阿拉伯人將數學向前推進了一大步。

還有，阿拉伯與印度一樣，他們的數學家大部分是天文學家，當時的回教國王對振興學術十分熱衷，因此數學家受到國家有利的保護。數學的興盛與國家盛衰有密不可分的關係，所以要詳盡了解阿拉伯數學，首先得搞清楚其背後的阿拉伯民族興亡史。

# 3 | 由象形文字演變而來──埃及

　　翻開世界文化史，誰都會對燦爛的埃及文明讚嘆不已吧！在尼羅河畔所孕育出的埃及古文明，實在是人類文明的奇蹟。17 世紀末，歐洲學者為了徹底了解埃及全貌而來到埃及，他們收集了各種遺跡或埋藏物中的木石，熱衷的研究，但當時並沒有人發表完整的結果。

　　到了 1798 年，拿破崙的軍事探險隊遠征埃及時，一名法國工兵在亞歷山卓附近的羅塞塔，進行聖朱利安城廢墟的挖掘工作，發現一顆不可思議的石頭，其材質為玄武岩，平面的那一面有小小的雕刻，雖然不知道內容為何，但他認為將來也許能成為有用的研究資料，因而小心翼翼的保存下來，之後輾轉流落英軍手中，如今成為世界瑰寶，收藏於大英博物館。這顆石頭以出土地命名，稱為羅塞塔碑石（Rosetta Stone）。

　　但是，沒人知道刻在這塊碑石上的文字，究竟是什麼意思，後來有許多學者多方研究，還是解不開謎題，就這樣擱置了很長一段時間。

　　後來終於有一位英國物理學家湯馬斯·楊格（Thomas Young）有了初步研究成果：「雕刻的文字裡，有一部分以希臘文書寫，是為托勒密一世和其妻克麗奧派特拉祈求冥福的咒文，還有一部分是埃及的通俗文字，與希臘文內容一樣，也是祈求托勒密一世和其妻克麗奧派特拉冥福的僧侶咒文，其他內容則是埃及獨特的奇異文字，難以判讀，但可能與前二者一樣，也是僧侶的咒文。」之後他持續研究，但這實在是極為困難的一項工作，因此他從 1814 年著手研究之後，4 年內只解讀出 90 個字，學者為研究所付出的心血，真是令人難以想像。

## ■ 楊格博士的心血，由商博良完成

　　楊格博士再接再厲，終於又譯出部分內容，但還未完成整部作品前便於 1829 年辭世。幸虧法國學者尚‧弗朗索瓦‧商博良（Jean Francois Cham-pollion）承其遺業，他是位考古學天才，也是出色又勤奮的人。

　　他以楊格博士的研究為依據，抱著誓死的決心，親自率領探險隊前往埃及，克服困難帶回大量資料，不只成功解讀所有內容，甚至編纂出可解譯羅塞塔碑石文字的字典。

　　完成如此難上加難的艱鉅任務之後，商博良便於 1832 年英才早逝，年僅 42 歲。但正是因為他的努力，日後許多學者才得以輕鬆的解譯古埃及文字，了解埃及文明的全貌，他的功績可真是偉大卓越。

## ■ 埃及的數字長什麼樣？

　　根據羅塞塔碑石所研究出來的結果，終於讓我們知道埃及的數字長成什麼模樣。

　　首先 1 到 9 的數字如以下圖示，以長條表示：

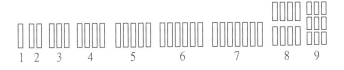

然後以∩表示 10，11 到 19 的數字如以下圖示：

|  |  |  |  |  |
|---|---|---|---|---|
| 11 | 12 | 13 | 14 | 15 |
| 16 | 17 | 18 | 19 |  |

20 到 90 則如下圖表示：

|  |  |  |  |  |
|---|---|---|---|---|
| 20 | 30 | 40 | 50 | 60 |
| 70 |  | 80 |  | 90 |

此外，以♀表示 100，100 至 900 如以下圖示：

|  |  |  |  |  |
|---|---|---|---|---|
| 100 | 200 | 300 | 400 | 500 |
| 600 | 700 | 800 | 900 |  |

古埃及人就是藉著這些符號，表示各種不同的數字。

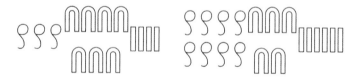

這些符號和現在的數字相比，可以了解到古代的人為了表示數字而煞費苦心，當然 1000 以上的大數目更是費盡了心力。

下圖爲表示大數目時所使用的符號：

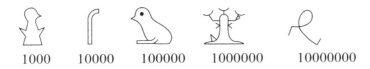

1000　　10000　　100000　　1000000　　10000000

以上的象形文字代表的是什麼東西的圖形？根據學者猜測，▯表示的是直立的手杖，⏝代表的是手指彎曲的形狀，🐸是一種名爲 burbot 的淡水鱈的形狀，🌾據說是人類因數目太大而大吃一驚的姿態，至於其他符號就猜不出是什麼意思了。

## ■ 《萊因德紙草書》—— 埃及四千多年前就在研究數學

　　要研究古埃及數學，可以從遺留下來的莎草紙文獻中找線索。

　　莎草紙是將一種生長於尼羅河畔濕地，名爲紙莎草的植物切爲薄片，交相重疊並強力壓平後製成的紙。古埃及人寫在莎草紙上的手稿被保存了下來，而其中與數學相關的有名文件是在底比斯廢墟發現的《萊因德紙草書》（*Rhind Papyrus*）。這部著作是英國的埃及研究學者亨利・萊因德（Henry Rhind）於 1858 年發現的。

　　這部手稿也由於學者對埃及古文字的研究愈來愈精進，而得以解譯出來。原來這部《萊因德紙草書》是古埃及的學術紀錄，與數學相關的部分是三千六百年前，西克索王朝時代的知名僧侶阿美斯（Ahmes）所著。手稿內容據說描寫的是距當時至少一千年前的事，可見埃及早在四千多年前的上古時代便開始研究數學了。

## ■ 埃及古代數學嚇死人，因為解法超麻煩

根據《萊因德紙草書》的記載，埃及人很早就知道分數了，但當時的分數並不是現在我們所用的分數，埃及人的分數，由於分子都是 1，所以只需寫上分母的數字，然後在其上標上小黑點來表示。

例如：

表示 211 和 $\frac{1}{3} + \frac{1}{2}$ 的意思，$\frac{1}{3} + \frac{1}{2} = \frac{5}{6}$，所以這個數字等於 $211\frac{5}{6}$。

《萊因德紙草書》中出現的分數問題是什麼樣的類型呢？其實是如「2 除以 5 是多少？」、「2 除以 7 是多少？」之類的問題，針對這些問題，我們可以立即答出 $\frac{2}{5}$ 及 $\frac{2}{7}$，但埃及人爲了將分子以 1 表示，得先費心的把 $\frac{2}{5}$ 分解爲 $\frac{1}{3} + \frac{1}{15}$，$\frac{2}{7}$ 分解爲 $\frac{1}{4} + \frac{1}{28}$，然後以先前提及的符號書寫這些數字。這類分數分解法的問題，除了以上的例子之外，還有 $\frac{2}{9}$、$\frac{2}{11}$、$\frac{2}{15}$、$\frac{2}{21}$、……，分子爲 2、分母爲 99 以下的分數，全都分解爲分子爲 1 的分數之和，請看以下的實例說明。

例如：

$$\frac{2}{13} = \frac{1}{8} + \frac{1}{52} + \frac{1}{104} \qquad \frac{2}{29} = \frac{1}{24} + \frac{1}{58} + \frac{1}{174} + \frac{1}{232}$$

但是，文獻中並沒說明求證的方法及理由。

以今日方便的數學計算法，就能輕易解答這些數學題目，但古埃及人卻以極爲不便的數字，進行這樣的數字研究，眞是嚇死人的大工程。

# 4 | 要了解數學，得先看懂楔形文字──巴比倫

地球上的人類祖先據說可能起源於西亞地區。

以幼發拉底河和底格里斯河之間的美索不達米亞平原為中心，數千年前便有蘇美人、巴比倫人等優秀民族在此生活，他們建立了文化興盛的國家，因此研究數學發展史的學者，除了要爬梳印度、埃及的歷史，也必須鑽研巴比倫、波斯灣地區的古代樣貌。

## ■ 楔形文字，19 世紀前沒人看得懂

巴比倫人所使用的古代文字是奇特的楔形文字，後世學者很不容易解讀，因此長期以來一直是個謎團。

1472 年威尼斯一位名為巴伯洛（Barbaro）的商人在行商途中，走訪波斯的瑞奇美山（Mount Rachimet）裡的城市廢墟，發現一面石崖上刻著奇特的圖樣，受到好奇心的驅使，便抄錄一部分內容回國報告。

當時考古學還不發達，因此並未受到世人關注，但後來歐洲掀起研究古文化的熱潮，歷史學家和考古學者紛紛組織探險隊，研究這個區域的古代遺跡，因此在 18 世紀中葉和瑞奇美一樣的遺跡陸續被發現，但楔形文字依舊是個解不開的謎題。

19 世紀初，德國一位中學教師格羅特芬德（Grotefend）發現這些雕刻是上古波斯地區所使用的楔形文字，成功的解譯這些文字，為探索古巴比倫文化開啟了頭緒，一夕之間，歐洲各地紛紛掀起一陣研究巴比倫古文

化的熱潮。

英國軍官亨利・羅林森（Henry Rawlinson）是個語言天才，對考古學研究也非常有興趣，因此開始研究刻在波斯地區的貝希斯敦（Behistun）的大岩石上的楔形文字，並展現了優異的成果，開拓出前所未有的局面，還在 1846 年，透過皇家亞洲協會出版有名的《貝希斯敦銘文之相關解譯》一書。前有格羅特芬德的研究問世，後有羅林森的名作出版，終於解開巴比倫古文字的謎團，得以一探上古文明。

## ■ 巴比倫數字，10 進位和 60 進位混用

巴比倫古文字被解譯之後，學者終於發現了研究巴比倫數學的有力資料。1854 年在聖克雷（Senkereh）進行考古挖掘時，挖出了一塊黏土板，上面精細的刻出與數學有關的文字紀錄。

根據這份資料顯示，▌表示 1，以 ◀ 表示 10，各個數字的表示法如下所示：

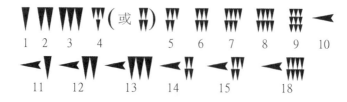

20 至 80 的表示法如下：

　　100 是以 ▼► 這樣的符號表示，200、300 則是在此符號前加上 ▼▼ 或 ▼▼▼。

|  200  |  300  |  400  |

　　1000 是 100 的 10 倍，因此以 ◄▼► 表示：

| 2000 | 3000 | 4000 | 9000 |

　　1000 的 10 倍是 10000，便以 ◄◄▼► 表示 10000，另外，從聖克雷出土的黏土板上，發現刻有 1 到 60 的整數平方表，還有 1 到 32 的立方表。不過很奇妙的，這張表上所顯示的不是：

$8 \times 8 = 64$　$9 \times 9 = 81$　$10 \times 10 = 100$

而是：

$8 \times 8 = 1.4$　$9 \times 9 = 1.21$　$10 \times 10 = 1.40$　$11 \times 11 = 2.1$　$12 \times 12 = 2.24$

（此表示方式前一節亦曾提及）

主因是巴比倫人除了採用十進位法計算，也運用六十進位法，因此

$8 \times 8 = 60 + 4$，所以記為 1.4，

$9 \times 9 = 81 = 60 + 21$，記為 1.21，

$10 \times 10 = 100 = 60 + 40$，所以就記為 1.40。


## ■巴比倫人和 60 進位

　　在此說個題外話，巴比倫人認為 1 年有 360 天，而他們也知道將圓周以與半徑等長的弦依次分割，可以分成 6 等分，每 1 等分的弧所對的圓心

角爲 60 度。

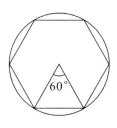

因此巴比倫人認爲太陽每天只轉動 1 年的 360 分之 1，他們將圓周分爲 6 等分，1 等分的圓心角爲 60 度，所以學者普遍認爲，他們從此得到 60 進位的啓發。現在我們在表示角度時所用的度、分、秒，1 度爲 60 分、1 分爲 60 秒的度量制，也許是向巴比倫人借來的創意。而巴比倫人除了 60 進位，同時也運用 10 進位，這點從之前所提到的記數法可以明白看出。

今天我們輕鬆運用自如的數字及記數法，反映出過去的計算是多麼的不便且困難，不禁對文化遺產的可貴感到肅然起敬。

## 附　記

若觀察各個文明的遺物，可以了解古代人類爲了記數煞費苦心，腓尼基人、敍利亞人以及希伯來人都已經知道希臘字母，因而以希臘字母表示數字。據說希臘在西元前 500 年左右開始以希臘字母表示數字。

在知名數學家卡約里（Cajori）的數學史裡，記載了下列的記數法：

| 1 | 2 | 3 | 4 | 5 | 6 | 7 | 8 | 9 | 10 | 20 |
|---|---|---|---|---|---|---|---|---|----|----|
| $\alpha$ | $\beta$ | $\gamma$ | $\delta$ | $\varepsilon$ | $\varsigma$ | $\zeta$ | $\eta$ | $\theta$ | $\iota$ | $\kappa$ |
| 30 | 40 | 50 | 60 | 70 | 80 | …… | | | | |
| $\lambda$ | $\mu$ | $\nu$ | $\xi$ | $o$ | $\pi$ | …… | | | | |

但是因爲這種記數法不方便記憶，所以並不普及。

# 5 ｜ 尼羅河不氾濫，就沒有幾何學

　　幾何學這門學問，到底源自於什麼時候、哪個國家、哪個人呢？基於人類的求知本能，每個人多少都會思考圓、直線、三角、四角等圖形，而幾何學也就是研究圖形的概念，因此可以說幾何學根本就是自從有人類以來，便存在的學問。

　　考古學者研究發現，早在五千至六千年前的埃及和巴比倫，便已發展出高度的文明，有宏偉的宮殿、美麗的寺院、各種型態的陵墓、規畫整齊的廣大耕地等等，不難想像當時在埃及、巴比倫地區，是多麼精通幾何學。希臘歷史學家希羅多德（Herodotus）在其著作《歷史》一書中，描寫到：「埃及每次尼羅河氾濫，都會破壞耕地界線，因此經常需要測量土地，幾何學自然會成為發達的學科。」

　　幾何學的英文是 geometry，geo 在希臘文中是土地的意思，metry 則是測量之意，因此合起來就是測量土地、「測地術」的意思。而漢字「幾何」一詞，最早是出現在中國徐光啟的著作中，幾何的中文發音和英文的「jio」、德文的「geo」發音相近，而且幾何的意思為多少，與物品的測量有關。

　　在前面提到的《萊因德紙草書》中，也記載了求耕地面積的方法、求兩點之間距離的方法，還有測量倉庫容納穀物的容積、圓的面積、圓周長、球體的體積等計算法。

　　然而，從古早文獻可知，在巴比倫，與幾何學相關的知識也是自古便

十分發達，他們在這方面的研究不亞於希臘人。不過當時的巴比倫人十分迷信，認為天地變異的自然現象全都是神的旨意，因此惶惶終日，流行以各種方法占卜吉凶禍福，於是幾何圖形不只是用來實際測量，還運用於各種占卜中。

從這個區域的出土文物中，有些器物上畫有正方形、平行線、凹角等圖形，並刻上各種咒語，那些咒語中還出現蘇美語「tim」這個表示「繩」的字眼，有直線的意思，因此可以想像當時是以繩子為工具，測量兩點間的距離。

目前可以知道，埃及人及巴比倫人都只是基於生活上的需要或靈機一動，才零零星星的發現數學或圖形，後來希臘人將這些零星片段的知識整合成一門有系統的學問，建立了今日幾何學的基礎。其中有名的泰利斯（Thales of Miletus）、畢達哥拉斯（Pythagoras）、柏拉圖（Plato）、歐多克索斯（Eudoxus）、亞里斯多德（Aristotle）等大數學家輩出，前後經歷三百多年的時間，發展出十分精粹的幾何學。最後，由幾何學權威歐幾里得有系統的編纂《幾何原本》一書，奠定了後世幾何學的基礎。

## ■希臘向埃及取經

西元前 500～600 年左右，埃及文明蓬勃的流傳至希臘，兩國在精神和物質方面都有頻繁的往來，希臘學者爭先恐後的前往埃及留學，其中有泰利斯、畢達哥拉斯、柏拉圖、德謨克利特（Democritus）、歐多克索斯等人，都直接向埃及學者取經，建立了希臘文化的基礎。

柏拉圖

特別值得注意的是，源自埃及和巴比倫的幾何學，只不過是應實際需要而自然產生的片段知識，還沒成為完整的學問體系。希臘人學會這些知

泰利斯

識後，找出了與圖形的性質相關的普遍原理，成為現在幾何學的濫觴。哲學家泰利斯藉由測量金字塔的日影而計算出其高度，還發現如何計算海面上船隻與陸地之間的距離。

　　泰利斯據說也是以科學方式研究天文的先驅，在數學家卡約里的《初等數學史》一書中有一段文字是這樣說的：

　　泰利斯最出名的一件事，就是預言了發生在西元前 585 年 5 月 28 日的日蝕，關於這件事有一則有趣的插曲……。

　　泰利斯正在專注觀測天體之際，一不小心跌落水溝。當時隨侍在旁的太太嚇了一跳後，笑著對他說：「你連自己的腳步都掌握不了，又怎麼能掌握天象呢？」

　　在這個時期，除了泰利斯之外，還有許多數學家形成愛奧尼亞學派、畢達哥拉斯學派、辯者學派等各種學派，各有各的獨特研究領域，在這些數學家當中，最後出現了史上第一位，將過去的幾何學有系統的整理出來的人── 歐幾里得。

## ■學習幾何學，沒有輕鬆的捷徑

　　雖然關於歐幾里得的生平，流傳著許多不同的故事版本，但根據多數歷史學家的說法，他是在西元前 300 年左右生於亞歷山卓的偉大數學家，年紀比埃拉托斯特尼（Eratosthenes，以質數表聞名的數學家）和阿基米德（Archimedes）稍微大一些，在亞歷山卓學習數學、哲學之後，因興趣

而學習柏拉圖哲學，成為這個學派的第一把交椅。

　　《幾何原本》的內容並不全是歐幾里得發明的，他是收錄了好幾位幾何學家的研究成果，整理出一個系統，把「通過兩點只有一條直線」，或是「通過直線外一點且與直線平行的直線只有一條」等基本原理命名為公理，又分為普通公理和幾何學公理兩種，在此基礎之上以「定義」、「定理」、「證明」等形式，運用嚴謹的論證，完成全書共 13 卷的偉大著作。

　　這本書不只是幾何學的扛鼎之作，而且其邏輯之嚴密、系統之完整，足以成為後世科學的典範，因而被譯為多國語言，直至兩千多年後的今天，仍被推崇為學術書籍的寶典。其實在《幾何原本》問世之前，許多草稿都已經由一位歐幾里得的前輩、數學家歐多克索斯整理完成，所以歐多克索斯對於促成這本曠世巨著的問世，應該也有一點貢獻吧。

歐幾里得

　　歐幾里得是個單純的理想主義學者，相傳當時的幾何學僅重視實際應用，對理論研究十分輕率，歐幾里得對此很不以為然，認為知識與應用應分別看待，學問有其本身的價值，知識也一樣，只顧及應用實用而輕忽原本的理論，簡直是褻瀆真理、侮辱學問。關於歐幾里得對理論的重視，曾經發生過這樣的故事……。

　　有一天，一位年輕人問歐幾里得說：「老師，學這種東西有用嗎？」當下歐幾里得立即命令下女：「拿 3 便士給這個人，他把研究學問與賺錢混為一談。」還有一次歐幾里得對埃及國王托勒密一世講授幾何學時，國王因為覺得很困難，就問他：「學習幾何學，有沒有輕鬆的捷徑？」歐幾里得立即回答：「沒有皇家大道通往幾何。」（There is no royal road to geometry.）留下這句千古名言。歐幾里得除了《幾何原本》以外，還著有許多數學或物理相關的書籍，但大多數都未保存下來。

## ■ 幾何學的三大難題，其實根本無解

在初等幾何中的作圖題，所使用的工具只能用畫直線的「直尺」及畫圓的「圓規」，絕對不可使用量角器或量尺，以及畫橢圓或拋物線的工具。以下是嚴格遵守這個規定，卻無解的三個幾何學作圖題：

(1) 將一個角，分為三等分。

(2) 作一立方體，使該立方體體積為已知立方體的 2 倍。

(3) 作一個與已知圓面積相等的正方形。

這三個作圖題如今已經證明為不可能，但當年在希臘卻是十分轟動，連希臘以外各國的幾何學者，也都熱烈討論這個題目。

這三大問題在泰利斯、畢達哥拉斯、柏拉圖的那個年代，大家認為「這是神為了測試人類的智慧而出的難題」，因此十分熱衷的研究。尤其是辯者學派（Sophists）當中，有許多人甚至為了研究這三大問題而耗盡一生。跟這三大問題相關的種種傳說或神話到處流傳，有一種傳說是這樣描述的……。

從前在希臘一處名為戴洛斯的地方，當地國王膝下有一位王子，這位王子集全民尊敬及寵愛於一身，有一天卻突然罹患怪病而過世。國王悲傷得不得了，想蓋一座宏偉的陵墓安葬王子，但是完成的陵墓太小，國王便命令大臣建造形狀相同，但體積擴大一倍的陵墓。大臣將長、寬、高各擴大兩倍，結果體積變成八倍，於是大臣打算變更設計，不過這個數值相當於 $\sqrt[3]{2}$，並不是件容易的事。

於是大臣找到當時希臘數學界的第一把交椅 —— 柏拉圖一起討論，除了柏拉圖自己，他門下許多學生也一起集思廣益，但始終沒人解出答案。因此這個問題不只是戴洛斯的難題，之後甚至跨越國界傳到義大利、

法國、德國、英國等地，成爲全世界的話題。

　　另外兩個問題「將一個角分爲三等分」、「作一個與已知圓面積相等的正方形」，也有類似的傳說，應該都是後人杜撰的吧。總之，這三大問題自古以來就是出了名的幾何學作圖難題。

## ■ 圓面積問題，阿基米德是藉由三角形的概念想出來的

　　距今約兩千六百年前，愛奧尼亞學派末期之時，一位叫做阿那克西美尼（Anaximenes）的大天文學家，收了個聰明的弟子阿那克薩哥拉（Anaxagoras），他憑藉自己正確的判斷與聰明的頭腦，解開許多天文學的奧祕，但當時對於晝夜之分、月的盈缺、星體的運行及其他自然現象，都認爲是神力使然，無人對這些現象進行科學性的研究。但阿那克薩哥拉很早便相信從日月運行、星辰變化到大大小小的天地變異，都可以憑人類的智慧解開謎底，因此十分熱心研究，但當時的世人認爲他褻瀆神明而大加撻伐，最後被官方控以「褻瀆天意之罪」而入獄。

　　在獄中，阿那克薩哥拉由於所有書籍都被沒收，無聊至極，因而想到一個幾何學問題，也就是前面提到的三大問題中的第三題：「作一個與已知圓面積相等的正方形。」阿那克薩哥拉是第一個想到使用圓周率來解題的人。

　　這個問題與立方體加倍的問題，都引起當時數學家的很大興趣，但無數數學家長年絞盡腦汁，還是解不出答案。

　　雖然後世明確證明，單以直尺和圓規作圖，是不可能求得解答，但當時的人堅信一定可以求解，而想出各種方法。其中有位辯者學派的學者安提豐（Antiphon），他先作一個圓、內接正方形，接著每次把邊數加倍，

求正 8 邊形、正 16 邊形、正 32 邊形、正 64 邊形的面積，最後得正 384 邊形的周長及面積，他認爲持續用這種方法，最後一定可求出圓的面積。

　　但是，當時有位名爲布來森（Bryson）的數學家，他採用與安提豐完全相反的方式，先求內切圓的正方形面積，然後每次把邊數加倍，可漸漸求得接近圓的面積。希臘數學家們認爲依據這兩種概念，圓的面積比安提豐的內接正多邊形稍大，比外切正多邊形稍小，因此取其平均值即可。就在這個時候，被譽爲希臘「科學之神」的阿基米德，想出了以下的方法：

> 以圓的半徑爲高，圓周長爲底，所得的三角形與圓的面積相等

　　以現今的角度來看，半徑 $\gamma$ 的圓，其圓周爲 $2\pi\gamma$，此三角形面積爲 $\frac{1}{2}$ $2\pi\gamma \cdot \gamma = \pi\gamma^2$，很明顯的與圓面積相等。在對圓周率 $\pi$ 還沒概念的當時，此定理的確是破天荒的大發現，於是以此問題的研究爲開端，圓周率在數學界掀起熱烈討論。

## ■五千多年前建的金字塔，不只是國王的陵墓

　　埃及金字塔是人類的奇蹟、史上的壯觀工程。根據距今兩千年前埃及僧侶所記錄的手稿內容，上面記載金字塔是距離當時三千四百年前建立的。在距今五千多年前，竟能完成如此浩大的工程，著實令人驚嘆。

　　但是根據記載金字塔的書籍顯示，古夫金字塔的地下室，在北極星天龍座 $\alpha$ 星通過子午線時，其光線剛好可以直射入地下室。金字塔地道的建築構造，不但顯示當時的埃及人不斷觀測此顆北極星的位置，還可窺見當時埃及人十分關注天文。

　　此外，這座大金字塔的方向不只是正對南北向，從金字塔相互的位置

關係，可以了解他們已知 $3^2 + 4^2 = 5^2$ 這種直角三角形的特性。到底古埃及人是用什麼工具測量、研究天體運行的呢？從當時的遺物可以推測，他們運用了水準器、日晷（以日光計算時間）、刻漏（在桶中注水，以水量計時）、瞄準器、渾天儀等各式工具。

而由於他們對測量及天文有如此濃厚之興趣，因此這座大金字塔不只是國王的陵墓，也兼具測量的基礎與天文臺的功能。以今日的精密機器實際測量，金字塔的設計十分精確，如此巨大金字塔的正方形底座直角的角度誤差僅 12 吋（編按：現代建築中，即使我們日常居住的房屋，也從未見過正 90 度角的結構，轉角的地方差上一、兩度是極為稀鬆平常的事，因為建蓋正直角的技術非常困難），而岩石的堆砌方式，使其水平誤差也在 $\frac{1}{2}$ 吋以下，由此可知在五千多年前的人類，擁有非常卓越的頭腦。附帶一提，建造此座金字塔時，所用的測量尺全長為 0.523 公尺。

根據其他書籍記載，這座金字塔是在埃及第四王朝時建造的，後來的專家研究發現，金字塔的底座四邊準確的指向東南西北，斜面與底面所成的四個角都是 52 度，埃及人將守護星——天狼星在日出前升起的那一天，視為埃及的元旦，此星通過子午線時，與大金字塔成直角，貫穿通風口，光線呈一直線射入王室。

總之，在人類智慧未開的五千多年前，就能以如此精確的科學設計建造出這麼偉大的工程，真是人類史上的奇蹟。

# 6 | 圓周率到底是多少？東西方數學家都想搞懂

圓的面積為半徑平方乘以圓周率，圓周長為直徑乘以圓周率，球體體積為半徑三次方乘以 $\frac{4}{3}$ 再乘以圓周率，但是圓周率到底是 3.14 ？ 3.1416 ？或 3.1415926 ？還是 $\frac{22}{7}$ 或 $\frac{355}{113}$ 呢？到底什麼是圓周率？還有，圓周率是如何發現的呢？

從數學史可知，即便是古代人智未開、對數字的概念還十分粗淺的時候，人類便已經想盡各種方法，以求得從圓的直徑到圓周長等答案。不管是西方或中國的古人都認為，直徑的 3 倍等於圓周，後來這個觀念傳到日本，所以日本人剛開始也都一直認為，圓周長為直徑的 3 倍。

## ■日本數學家很早就在推算 π

後來又從中國傳來各式算法，因此自藤原時代（指 894 年廢止遣唐使以後的平安時代中、後期）到鎌倉時代（1185 ～ 1333 年），一般人都認為圓周率為 3.16。

日本到了戰國時代、進入文化黑暗期，所有學問全都停滯荒廢，完全沒人研究數學。直到德川家康統一天下，進入和平盛世後，各家學術的學者輩出，因而在數學方面也出現了有名的關孝和大師，還有多位日本和算家。在這段期間，學者們以獨特的方式算出精密的圓周率。

　　寬文年間（1661～1672 年），松村義清計算圓內接的正方形周長，他同樣的加倍邊長數，依序算出圓內接的正 8 邊形、正 16 邊形、正 32 邊形、正 64 邊形的周長，最後求得 $2^{15}$、也就是正 32768 邊形的周長，大約與圓周長相等，因而發表圓周率為 3.1415926……，這個發現記載於他的著作《算爼》一書中（編按：「爼」，音ㄗㄨˇ，古代擺在桌上盛放祭品的青銅製禮器）。

　　還有，元文年間（1736～1740 年）一位名為松永良弼的學者在其著作《方圓算經》中寫到 2 個級數：

$$\pi^2 = 9\left(1 + \frac{1^2}{3\cdot 4} + \frac{1^2\cdot 2^2}{3\cdot 4\cdot 5\cdot 6} + \frac{1^2\cdot 2^2\cdot 3^3}{3\cdot 4\cdot 5\cdot 6\cdot 7\cdot 8} + \cdots\cdots\right)$$
$$\pi = 3\left(1 + \frac{1^2}{4\cdot 6} + \frac{1^2\cdot 3^2}{4\cdot 6\cdot 8\cdot 10} + \frac{1^2\cdot 3^2\cdot 5^3}{4\cdot 6\cdot 8\cdot 10\cdot 12\cdot 14} + \cdots\cdots\right)$$

由此算出高達 50 位數的圓周率。

　　此外，淡山尙綱在享保 13 年（1728 年）於其著作《圓理發起》中，以另外 2 個級數算出圓周率：

$$\pi^2 = 8\left(1 + \frac{1}{6} + \frac{1\cdot 4}{6\cdot 15} + \frac{1\cdot 4\cdot 9}{6\cdot 15\cdot 28} + \cdots\cdots\right)$$
$$\pi = 4\left(1 + \frac{2}{6} + \frac{2\cdot 8}{6\cdot 15} + \frac{2\cdot 8\cdot 18}{6\cdot 15\cdot 28} + \cdots\cdots\right)$$

　　並得到同樣的結果。而同時期還有位名為建部賢弘的人，也以其他的級數正確算出圓周率至小數點後的 41 位，此結果發表於其著書《不休綴術》中。

　　在微積分發達的現代，我們可以用各種方法算出圓周率，所以並不覺得有什麼了不起，但在西方數學尚未流傳至日本的江戶時代，日本和算家熱心的研究並完成精密的計算，足以證明日本民族的數學頭腦絕不亞於

其他民族（編按：西元約 6 世紀、南北朝時候的中國數學家祖沖之，算出來的圓周率精確到小數點後 7 位，這項紀錄保持了九百多年才被阿拉伯數學家阿卡西突破，日本學者曾以「祖率」來稱呼圓周率，至今巴黎發現宮博物館外還刻有祖沖之的姓名以表紀念）。

## ■ π 的競爭，看誰算到小數點之後的位數最多

大家都知道，圓周率的符號都是以 π 表示，這是用圓周這個字的希臘文 $\pi\varepsilon\rho\iota\varphi\varepsilon\rho\iota\alpha$ 的第一個字母命名的，18 世紀中葉名數學家歐拉（Leonhard Euler, 1707 ～ 1783）在其著作《無窮分析導論》中開始使用之後，大家就跟著這樣用了。

翻開世界數學史，發現原來圓周率的起源很早就開始了，距今兩千五百多年前，自從希臘開始研究「圓面積問題」之後，許多學者便把圓周率視為有趣的問題而熱烈研究討論。在埃及古蹟出土的《萊因德紙草書》上記載了相當於圓周率 π = 3.1604 的圓面積計算問題，由此可知在當時世界文化中心的埃及，認為圓周率為 3.1604。

至於希臘、巴比倫以及中國、印度等地區，都以為圓周率是 3，也就是認為直徑的 3 倍等於圓周長。之後名數學家阿基米德以圓內接正 6 邊形邊長與圓半徑相等的概念為基礎，依序計算出正 12 邊形、正 24 邊形、正 48 邊形、正 96 邊形的周長，同時也計算出圓外切正 96 邊形的周長，由於圓周長比內接正多邊形周長為長，又比外切正多邊形周長為短，因此證明出 π 的值比 $3\frac{10}{71}$ 大，比 $3\frac{1}{7}$ 小，因為

$$3\frac{10}{71} = 3.1408\cdots\cdots \qquad 3\frac{1}{7} = 3.1428\cdots\cdots$$

　　所以圓周率推算到小數點後 2 位爲止（3.14）是正確的。現在在許多國、高中數學裡，都是採用阿基米德算出的圓周率。

　　後來埃及的天文學家托勒密採用與阿基米德相同的方法，計算出更多邊的內接外切正多邊形的周長，發表 $\pi$ 的值爲 3.141552。此外在希臘、巴比倫、羅馬等地，也有許多數學家利用各種方法積極的研究這個問題，在印度 6 世紀初期，一位名爲阿耶波多（Aryabhatta）的學者以托勒密的方法計算，發表圓周率爲 3.1416。

　　當時的學者都沒發現 $\pi$ 的值是屬於無理數的一種「超越數」，都以爲 $\pi$ 可以有限小數或循環小數表示，想盡辦法要找出 $\pi$ 眞正的值，最後都宣告失敗。之後有位法國的數學家韋達（Vieta, 1540 ～ 1603）計算圓內接外接正 393216 邊形的周長，求出 $\pi$ 的值介於 3.1415926535 和 3.1415926537 之間，數學史上記載他的這項結果是於 1559 年發表的。還有一位出生於德國的數學家魯道夫（Ludolph van Ceul-en，見右頁註），傾畢生之力計算圓周率，終於得到以下結果，並公開發表：

$$\pi = 3.14159265358979323846264338327950288$$

　　以現代人的觀點來看，耗盡畢生精力在這樣一個問題上是很愚蠢的事，但各位要記得，正因爲有這些熱心追尋眞理的學者，文明的光芒才得以綻放、文化才能開花。

　　後來的人對 $\pi$ 的值的研究更加精密，也出現了各種巧妙的方法，1655 年有位叫做渥里斯（John Wallis）的數學家發表了：

$$\frac{\pi}{2} = \frac{2}{1} \cdot \frac{2}{3} \cdot \frac{4}{3} \cdot \frac{4}{5} \cdot \frac{6}{5} \cdot \frac{6}{7} \cdot \cdots\cdots$$

而 1699 年夏普（Abraham Sharp）以下列的級數：

$$\pi = \sqrt{12}\,(1 - \frac{1}{3\cdot 3} + \frac{1}{5\cdot 3^2} - \frac{1}{7\cdot 3^2} + \cdots\cdots\,)$$

計算出 $\pi$ 值到小位點後 71 位。1789 年威加（Jurij Vega）運用反正切級數算至第小數點後 136 位，最後 1873 年謝克斯（William Shanks）算至小數點後 707 位，這是到目前為止所算出最多位數的圓周率。

（註）魯道夫 1540 年生於德國希爾德斯海姆，留學荷蘭，後成為在萊頓大學擔任教授的名數學家，由於熱衷於 $\pi$ 的計算，在德國甚至將圓周率稱為「魯道夫數」。

## ■ 電子計算機（電腦）和 $\pi$

但是 1946 年有人發現，這個數字的小數點後第 528 位是錯誤的，而且最近在美國某研究所，有人利用電腦算至小數點後第 2,035 位。拜電腦發明之賜，現在我們可以隨心所欲的算到小數點後任何一位數，想想前人為算出精密的小數所花費的心力，真是令人咋舌。

# 7 | 大家都在研究幾何學，代數呢？

翻開世界數學史，尋找埃及、希臘等地的古代數學，發現幾乎都是與幾何學相關的資料，好像數學就等同於幾何學，因此像歐幾里得、畢達哥拉斯、阿基米德、阿波羅尼奧斯（Apollonius）、托勒密、泰利斯這些有名的數學家，都是以幾何學研究出名的人物。

在那個時代，難道都沒有關於代數的研究？沒有學者為代數學開啟新的里程碑嗎？若答案是肯定的話，當時的代數又是什麼樣的樣貌呢？相信學習數學的人，腦海都會浮現這些疑問，因此我想花些篇幅，為各位簡單的介紹代數。

## ■ 想知道丟番圖幾歲，要先懂代數

在清一色都是幾何學的這個時代，出現了一位獨樹一幟的學者，他的名字叫做丟番圖（Diophantos）。他是代數學的先驅，今日數學家無人不知其名，但對其生平卻不甚清楚知悉，只知道他是在 3 世紀中葉時，住在亞歷山卓，他的墓碑上刻有一段這樣的謎語：

「丟番圖的一生，幼年占 $\frac{1}{6}$，青少年占 $\frac{1}{12}$，又過了 $\frac{1}{7}$ 才結婚，5 年後生子，子先父 4 年而卒，壽為其父之半。」

好奇的人以此做了個方程式：

$$\frac{1}{6}x + \frac{1}{12}x + \frac{1}{7}x + 5 + \frac{1}{2}x + 4 = x$$

得到的解是：$x = 84$（歲），沒人能肯定這是否為真，不過無論如何，他是一位很獨特的學者，悄悄的來又悄悄的去，正是他的人生寫照。

## ■ 無師自通的丟番圖

之前已經提過，丟番圖是世上少見的學者，他並沒有跟隨偉大的老師學習，也沒有將自己的研究傳給優秀的弟子，一生孜孜不倦的獨自研究，找出其他學者還未發現的一次、二次不定方程式，及特殊的高次方程式的解法，在多元聯立方程式、三次方程式的解法，及整數論等方面完成卓越的研究，尤其是他以獨特的方法研究出不定方程式的解法，因而後來丟番圖成為不定方程式的別名。

他將這些研究全部整理於 13 卷的著作《數論》（*Arithmetica*）中，這本書可算是世界上算術、代數書中最古老的書籍。但是當時正值幾何學全盛時期，沒有人對他的研究有興趣，因此後來這部名著就隨著他的過世而消失了一千多年。15 世紀中葉，有人意外發現了這些珍貴的文獻，到了 16 世紀，才有德國海德堡大學教授霍爾茲曼（Wilhelm Holzmann，或名為 Xylander）將其譯為拉丁文（1575 年），1621 年巴切（Bachet）翻譯《數論》一書，但很可惜的是原著散失，僅保存了 6、7 卷。

## ■ 簡化是為了作麻煩事

我們現在得以輕鬆的解出各種方程式，以微積分簡單的算出複雜的計算，這都是拜方便的符號之賜。在符號尚未發明之時，一切都必須藉由文

字敘述表達，眞有說不出的麻煩不便。

　　但是丟番圖很早便注意到這一點，在代數的運算上他創造了許多獨特的符號，努力藉此使各種計算變得正確又簡易，因而成爲今日符號代數學（Symbolic Algebra）的先驅，這都是他的偉大功績。

　　現在已知當時丟番圖所使用的符號有這些：

　　未知數都以 $\zeta$ 或 $\zeta^1$ 表示，$\chi^0$ 表示 unit，以 $\eta'\delta$ 表示，$\chi^2$ 爲 $\delta^{\hat{\nu}}$、$\chi^3$ 爲 $\kappa^{\hat{\nu}}$、$\chi^4$ 爲 $\delta\delta^{\hat{\nu}}$ 等，另外像 $\frac{1}{\chi}$ 這樣的倒數，就在原本數字的右上角寫上 $\chi$：$\frac{1}{\chi}=\xi^{1\chi}$

　　等號就和今日所用的差數符號相同，減法的符號則用 ↑，加法沒有符號，僅將數字羅列出來，而且當時沒有現今的 0、1、2、3、……、9 阿拉伯數字，因此當然不知道有 10 進位這樣方便的進位法，雖知道加、減、乘法，但還沒建立除法的概念，所以當時的除法運算全賴累減法，也就是反覆減去同樣的數字，最後再計算其數。所以當時的學者花費許多精力在現在小學生進行的運算上。

　　以上大致描述了古代代數的情況，以及與代數關係深厚的學者丟番圖，但是在此要提醒大家，千萬不要誤以爲代數起源於希臘，而創始者就是丟番圖。其實，代數學的萌芽與埃及、阿拉伯、羅馬、印度、中國都有關，歷經了數字的發明、符號的變遷以及整數、分數、方程式、級數等各種領域的研究逐漸整合、形成體系，才造就了今日的代數學。

# 8 | 印度數學知道有負數，代數才有重大發展

前面曾經提過，關於印度數學，可參考的文獻非常稀少，不過專攻數學史的學者發現，印度對幾何學的研究雖然不值得一提，但在代數學的發展上，卻有偉大的貢獻。

印度人自古以來受宗教影響而盛行研究天體，各種數學知識就是研究天體時所需要的工具，當時所謂的數學，是輔助天文研究所衍生的副產品，但諷刺的是，原本只是配角的數學，後來卻比天文研究對後代有更大的貢獻。

在印度數學中，值得特別一提的有：

（1）0 的發現　　（2）負數的導入　　（3）0 的記數法

（4）阿拉伯數字的發明　　（5）正弦函數的導入及三角的發展

三角函數的應用，通常學生都以為只能用在解答有關三角形的題目上頭。事實上，三角函數、特別是正弦和餘弦函數，是許多現實世界中周期現象的模型，可以用來解答等速圓周運動、溫度變化、聲波、潮汐現象等等。要一一說明的話，需要相當多的篇幅，因此在此只簡要的敘述，同時介紹一、兩個自古以來流傳的印度數學問題。

## ■ 印度的阿拉伯數字

古人計算時不像現在這麼簡單，他們得先操弄各種道具計算，最後才

將答案寫下來加以保存。而印度人在羅列數字運算方面，也就是筆算，創造出許多先進的方法。0的發現、記數法的制定、阿拉伯數字的發明等等，都是隨著計算法的演進，自然而然應運而生的。

現在保存的古印度計算工具中，有一種工具類似今日在學校使用的黑板，他們在塗黑的板面上，以竹製的筆沾白色液體書寫。計算完成後擦掉再寫，或是在約 1 ～ 2 尺的小白板上灑上紅色粉末，以小棍子在上面書寫數字，而他們為了在狹小的空間排列許多數字進行各種計算，理所當然的會簡化數字、讓用法更合理化。

右圖為古印度人使用的一種運算法，這是 735×12=8820 的演算過程，答案在沿著對角線加在斜邊上，正巧與現在小學裡所教的加法的算法一樣。

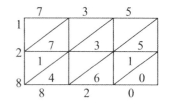

在現存的手抄本中，加法、減法、乘法的計算方式，大致都與我們現在的算法相似，但除法到底怎麼算的，目前還是個謎。有人推測古印度人或許是以累減法來代替除法。後來印度數字流傳至阿拉伯，因此阿拉伯人也以和印度人幾乎相同的方式運算。

## ■ 要解印度的數學題，要先看懂題目的故事

印度數學有一個特色，他們的數學題目並不像現在的數學用嚴謹的定義或公式規規矩矩的敘述，而是大多以詩歌韻文或抒情文的體裁呈現，因此題目的內容多半含糊不清，或是僅有答案而無解說，所以後代研究這些問題時困難重重。在此舉幾個這一類的題目內容給大家參考：

## 【一】

有一群蜜蜂在花園飛舞，其中一半的平方根飛至茉莉花叢裡，全體的 8/9 留下來了，每隻雄蜂各自圍繞在 1 隻雌蜂旁，雌蜂在夜晚被香甜花香誘惑，飛入黃苜蓿裡，現在被困其中嗡嗡作響。請問這群蜜蜂的數目總共有幾隻？

這段文字似乎找不出合乎條件的方程式來表示。

## 【二】

眼眸明亮的美女，妳不是懂逆運算的正確算法嗎？那麼告訴我吧，有一個數，乘以 3 倍，再加上其 $\frac{3}{4}$，除以 7，減掉商數的 $\frac{1}{3}$，得到的數值再乘以平方，減去 52，再求其平方根，然後再加 8 除以 10 後，此數剛好為 2。請問原來的數是多少？

（答）28

這在現代數學中稱為逆運算，是很受中學生歡迎的題型。

## 【三】

從前有位國王分鑽石給王子時，吩咐道：「大王子先取 1 個和剩下的 $\frac{1}{7}$，接著二王子取 2 個及剩下的 $\frac{1}{7}$，三王子取 3 個及剩下的 $\frac{1}{7}$，以下的王子以此類推。」

王子們遵照國王的吩咐分鑽石，結果王子們所得的鑽石數目都一樣，請問鑽石的數目是多少？而王子有幾人？

（答）36 個，王子 6 人

## 【四】

一個農夫養 17 頭羊，他過世前交代遺言給三個兒子，大兒子分 $\frac{1}{2}$，

二兒子分 $\frac{1}{3}$，小兒子分 $\frac{1}{9}$，說完後就斷氣了。三個兒子不知如何分配，正一籌莫展時，剛好隔壁的老人來了，他出借自己的一頭羊，湊足 18 頭羊後，分配如下：

$( 17 + 1 ) \div 2 = 9$　大兒子

$( 17 + 1 ) \div 3 = 6$　二兒子

$( 17 + 1 ) \div 9 = 2$　小兒子

合計 17 頭

剩下的 1 頭再還給老人，問題圓滿解決了。

至今仍流傳著許多其他的印度算術題目，但其多數可能為後代的模仿之作，即便如此，這還是能證明古印度人十分關注數學問題。

## ■ 婆羅門之塔，是神明委婉的拒絕

從前在印度的恆河畔，有個城市叫瓦拉那西，婆羅門教在此發跡，後來藉由熱誠的信徒傳教，風靡全印度。有一年，此地流行嚴重的瘟疫，到處都是染病的患者，疫情一發不可收拾。

因此大家早晚都向婆羅門神祈求：「若蒙神恩讓此瘟疫絕跡，再怎麼困難的事都願意遵照神的意思奉獻，堅定不移。」結果天上傳來神旨，婆羅門神吩咐人們：「你們在廟中會發現一個白金圓盤上立著三支鑽石棒的寶物，其中一支棒子上嵌有 64 個大小不同的黃金圓盤，由大到小依序排列，現在將這 64 個圓盤依序移到另一支棒子上的話，你們的願望就能實現。但是，每次只能移動一個圓盤，而且移動過程中絕不能將大圓盤放在小圓盤上面。」神明一說完就消失了。

大家一聽喜出望外，立即到寺廟裡去找，果然發現了藏在神殿深處的

寶物，散發著燦爛的光芒。人們於是按照神的旨意，開始取出一個個圓盤移到另一支棒子，他們本來認爲這沒什麼困難，應該一、兩天就能完成，但有個條件是不能在小圓盤上放大圓盤，因此整個過程變得十分耗時，於是他們日夜輪班進行，但最後發現這是一件不可能的任務，於是紛紛打退堂鼓。

## ■ 移動 64 個圓盤竟要花五千八百多億年

　　故事大致上就是這樣，這個問題若以數學來思考計算的話，到底會是怎麼樣的數字呢？

　　現在假設以編號 1、2 兩個圓代替 64 個圓盤，如圖所示嵌在 A 棒上，若要將其移至 B 棒，要花多少趟的功夫呢？

　　第 1 次　將圓盤 1 移至 C

　　第 2 次　將圓盤 2 移至 B

　　第 3 次　從 C 將圓盤 1 移至 B

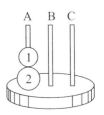

用這樣的方法，要花三趟功夫才能將這兩個圓盤移至 B。

　　接著將編號 1、2、3 的三個圓盤從 A 移往 B，

　　第 1 次　將 1 移往 B

　　第 2 次　將 2 移往 C

　　第 3 次　將 1 移往 C 疊在 2 之上

　　第 4 次　將 3 移往 B

　　第 5 次　將 1 放回 A

　　第 6 次　將 2 移往 B 疊在 3 之上

　　第 7 次　將 1 移往 B，按 1、2、3 堆疊

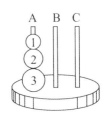

因此要 7 次才能將編號 1、2、3 的圓盤移至 B 棒上。

這樣的問題若以下列的方式思考，其實很容易發現是不可能的任務。

Ⅰ　剛開始將 1、2 依序移往 C，照之前的估算要花 3 次的功夫，

Ⅱ　接著將 3 移往 B，

Ⅲ　然後從 C 將 1、2 移往 B 又需花費 3 次功夫。

因此將三個圓盤從 A 移至 B 的話，需要

3×2+1=7（次）的功夫。

同理可知，將編號 1、2、3、4 這四個圓盤從 A 移開的話，

Ⅰ　將 1、2、3 從 A 移往 C 要 7 次，

Ⅱ　接著將 1 移往 B，

Ⅲ　從 C 將 1、2、3 移往 B 又要 7 次功夫，因此總共需要花費 $7 \times 2 + 1 = 15$（次）的功夫。

再按照同樣的邏輯，將 1、2、3、4、5 這五個圓盤從 A 移至 B 的話，要 $15 \times 2 + 1 = 31$

六個圓盤的話，$31 \times 2 + 1 = 63$

七個圓盤的話，$63 \times 2 + 1 = 127$

…………………………………

以此類推，要將 $m$ 個的圓盤從 A 移往 B 的話，除了最下方的 1 個圓盤，假設將其他 $(m-1)$ 個的圓盤移往 C，需要 $p$ 次的話，那麼將 $m$ 個圓盤從 A 移往 B 就要花費 $(2p+1)$ 次。

從先前的計算結果可知，移兩個圓盤要 3 次，三個圓盤是 7 次，四個是 15 次，五個 31 次，六個 63 次，七個 127 次……，若以算式表示的話，

$$3 = 2^2 - 1 \qquad 7 = 2^3 - 1$$

$$15 = 2^4 - 1 \qquad 31 = 2^5 - 1$$

$$63 = 2^6 - 1 \qquad 127 = 2^7 - 1$$

因此將 64 個圓盤從 A 移至 B，需要 $(2^{64} - 1)$ 次功夫。

將 $2^{64} - 1$ 計算出來，結果是

18446744073709551615

這樣驚人的龐大數字，若以 1 次 1 秒的時間移動圓盤來計算的話，1 小時就要 3600 次，即使一天 24 小時不眠不休的移動，也不過才 86400 次，以此推算移動 $(2^{64} - 1)$ 次的話，千萬別太吃驚，要花費約五千八百億年的時間。

## ■印度人與代數

前面也曾提過，印度人是對代數學的發展十分有貢獻的民族。

自古以來印度人就知道兩數之和的平方及立方的公式，

$$( A + B )^2 = A^2 + 2AB + B^2$$

$$( A + B )^3 = A^3 + 3A^2B + 3AB^2 + B^3$$

因此他們也知道開平方和開立方的方法。而在計算代數時，他們大致上是用以下的記法。

加法不用＋號，只是單純的依序羅列數字，減法則以在減數上標上黑點（·）來表示，乘法則是在因數之後寫上積（bhavita）的略語 bha，除法是在被除數下方寫上除數，但不像現在的分數一樣加上橫線。表平方根時不用 $\sqrt{}$ 表示，而是在數字前方寫上 ka，這個字是取自無理數的無理（karana）。

　　印度人是最早承認負數及無理數的民族，他們對二次方程式有兩個根的了解是十分偉大的貢獻，藉著這些知識，代數學才有突破性的重大發展。對印度來人說，解二次方程式是非常實用的知識，因為，規畫規模宏大的建築，處理浩瀚的天文資料，以及推算各種曆法等，在在都必須知道解一次和二次方程式的實際知識才行。

　　現在我們知道二次方程式 $ax^2+bx+c=0$ 的根的公式

$$x = \frac{-b \pm \sqrt{b^2 - 4ac}}{2a}$$

　　最早的時候，亞歷山卓的希羅（Hero）卻認為方程式 $ax^2+bx+c=0$，其根為

$$x = \frac{\sqrt{-ac + \left(\frac{b}{2}\right)^2} - \frac{b}{2}}{a}$$

　　但是印度人克理達拉為了消除根號內的分數，在方程式兩邊同時乘以4a，於是導出了

$$x = \frac{\sqrt{-4ac + b^2} - b}{2a}$$

上述的公式。

　　不過他在提出這個公式之時，並未發現二次方程式有兩個根。

　　從這方面可以看出在我們輕忽的小地方，先人下了多大的苦心。接下來將介紹一、兩位中世的印度數學家，為這一節畫下句點。

## ■印度數學強，幾何卻不發達

　　阿耶波多於西元 476 年生於恆河地方的巴特那（Patna），他是到目前為止所知印度最早的天文學家，也是代數解析的發明家，著有《阿耶波多曆書》（*Aryabhattiyam*）。

　　此書分為四部分，其中三個部分敘述天文學及球面三角學，剩下的一部分記述算術代數平面三角學，在代數部分記載了求得

$$1 + 2 + 3 + \cdots\cdots + n$$
$$1^2 + 2^2 + 3^2 + \cdots\cdots + n^2$$
$$1^3 + 2^3 + 3^3 + \cdots\cdots + n^3$$

的方法、一次不定方程式的解法以及四次方程式的一般解法等等。

　　其次，婆羅摩笈多（Brahmagupta, 598 ～ 660）在幾何學方面，以相交弦的相關定理聞名，他生於 598 年，據說 660 年左右還很活躍，但卒年不詳，著有《婆羅門曆算書》（*Brahmagupta-siddhanta*），其中的ⅩⅡ、ⅩⅧ 這 2 卷是算術、代數及幾何問題，文體是印度人特有的抒情詩類的文章，而且文章敘述不常出現符號和算式，所以後人難以解讀。

　　他求得二次不定方程式 $x^2 + 1 = y^2$ 的整數解　$x = \dfrac{2nt}{t^2 - n^2}$　　$y = \dfrac{t^2 + n^2}{t^2 - n^2}$　，但卻未說明如何運算才導出這樣的解答（t、n 應該要有限制）。

## 附　記

　　印度數學在運用 0、以 10 進位巧妙的表示所有數,或是導入負數的概念等方面,都展現了其他國家前所未有的優點,但在幾何學方面的發展卻相當落後,有一本數學史中曾有如下描述:

　　印度幾何中根本沒有值得一提的,

　　不但看不到角的概念,

　　平行線的概念也付之闕如,

　　比及比例方面完全不正確,

　　論證幼稚、雜亂分歧。

　　數學史學者認為印度幾何學受到亞歷山卓的幾何學家很大的影響,例如:三角形面積公式 $\sqrt{p(p-a)(p-b)(p-c)}$ 、三角形、四邊形,可以在印度幾何中看到亞歷山卓發現的幾何學的影子,但也有人反對這樣的論點,因此無法妄下定論。不過印度幾何學的發展落後是無庸置疑的。

# 9 | 有阿拉伯人的通商往來，數學才能廣泛流傳

　　今日中東、近東地區的紛爭在國際上掀起各種紛擾，阿拉伯、埃及、敘利亞等阿拉伯地方的政局引起世人的關注。古代的阿拉伯人缺乏國家統一的觀念，國民素質不佳，長期受到世人忽視，但到了 6 ～ 7 世紀左右，受到回教影響，國民素質大為提升，自此迅速展現出優秀的民族性，不到半個世紀就建立了統一國家的基礎，從 8 ～ 9 世紀，他們的領土從印度橫跨北非、廣及西班牙，因而與鄰國的通商貿易興盛，交通也往來頻繁，於是這個國家陸續誕生了領袖級的人物。

## ■ 印度數學變實用，阿拉伯有功勞

　　8 ～ 9 世紀當時，回教領袖曼蘇爾在首都巴格達宮殿延攬了多位印度學者，講授天文及數學，又命他們將內容翻譯成阿拉伯文。當時數字還稱為印度數字，後來因阿拉伯人大量運用而廣為人知，可能就是從這個時期開始的。

　　阿拉伯人巧妙運用印度算法並將其實用化，之後藉著商隊沿著埃及、西班牙、葡萄牙而廣傳至歐洲各國，印度數字自然而然就被稱為阿拉伯人的阿拉伯數字了。

　　阿拉伯人不只借用了印度數學，連希臘數學也都運用得巧妙不已。阿拉伯的著名數學家阿布．瓦法（Abu al-Wafa）將丟番圖的代數譯成阿拉伯文，也將歐幾里得、阿波羅尼奧斯、托勒密的幾何學高明的推廣至本國。

## ■ 研究數學的目的：為了看星星

對阿拉伯數學發展貢獻最大的是阿爾・花拉子米（al-Khwarizmi）。

他是阿拉伯有名的天文學家，因此同時也是著名的數學家。據說他曾計算出地球緯度 1 度的長度，也製作觀測天體使用的各種圖表等。

阿爾・花拉子米將二次方程式分為以下 6 種：

（1）$bx = c$　　（2）$ax^2 = c$　　（3）$ax^2 = bx$

（4）$x^2 + bx = c$　　（5）$x^2 + c = bx$　　（6）$x^2 = bx + c$

而方程式 $x^2 + c = bx$，

$$x = \frac{b}{2} \pm \sqrt{\left(\frac{b}{2}\right)^2 - c}$$

但當時尚未知道虛數的存在，因而認為 $\left(\dfrac{b}{2}\right)^2 < c$ 時不可解。不過從使用 ± 符號來看，可以了解到當時已經知道二次方程式有兩個根了。此外，為了求得這些解法，當時也研究了幾何學方法，這都清楚說明了阿拉伯數學一部分源自埃及、希臘，另一部分是從印度而來，這兩大潮流不約而同在阿拉伯融合。阿拉伯數學將兩者結合，在代數學發展史上的偉大貢獻不容小覷。

除此之外，在阿拉伯有阿爾・克西（Alkûhi）、阿爾萊特 (Allait)、阿爾卡亞姆（Alkayami）、修加（Shodga）等學者進行圓錐曲線和球體、球面的研究，尤其是三次方程式、不定方程式的研究十分發達。阿爾・克西從求直角雙曲線和拋物線的交點，導出三次方程式 $x^3 + 13\frac{1}{2}x + 5 = 10x^2$，

但最後並未求得其解而辭世。之後阿爾萊特另外從內接圓的正 9 邊形的問題，成功解出 $x^3+1=3x$。

現在要解三次方程式有許多方法，全都是將 $x^2$ 項結消去，導出方程式 $x^3+ px + q = 0$，但當時阿爾·克西並未留意到這一點，因而花費許多心力。阿爾卡亞姆受到阿爾萊特的啓發，有系統的論述三次方程式的解法，因而名留後世。

修加是僅次於阿爾·花拉子米，有名的算術及代數學家，尤其是他以不定方程式的研究聞名。

## 代數：忽明忽滅的意思

關於算術和代數，從字面上大致能理解其意。每個人應該都會思考爲何算術稱爲 Arithmetic，而代數又稱爲 Algebra 呢？關於這一點眾說紛紜，但 Algorithm 和 Algebra 其語源都是源自於阿拉伯文，這一點倒是千眞萬確的。

前文曾經提到的阿爾·花拉子米的《代數書》（*Hisab al-jabr wal-muqabala*）被認爲是最早使用代數一詞的書，據說語源是阿拉伯文的 AlJebr、波斯文的 Aljabr，Al 表 the 的意思，Jabr 則是增減的意思。

在江戶時代的日本和算中，有一種名爲「點竄術」的算法（見第 105 頁），點表示像點火或忽亮忽滅一般做記號之意，竄是穴下之鼠，也就是消失蹤影、藏匿起來的意思，因此 Algebra 與日式算術的點竄同義，因爲演算時得從等號兩邊移項，消去或增加未知數項之意而來的（見下頁註）。世人所知最早的阿拉伯算術爲阿爾·花拉子米的算術書，這本書原本遺失不見，但在 1857 年於劍橋大學的圖書館中尋獲。這本算術書開卷第一頁的起頭，就記載了下面這段話：

「阿爾·花拉子米說道：讚美身為我們的指導者及保護者的神」

　　因此根據作者的名字將此種算術命名為 Algoritmi，後來到了近代算術又稱為 Algorithm，而後又轉變為 Arithmetic。

　　（註）原本日本的代數學是傳自中國，1853 年在中國出版的一本數學書《算學啟蒙》，裡面就使用了代數一詞。之後李善蘭（1811～1882）將英國笛摩根（Augustus De Morgan, 1806～1871）的著作名稱，譯為《代數學》（*Elements of Algebra*）翻譯後於 1859 年在上海出版，其序文中寫道：「代數學，西洋名阿爾熱巴拉，乃亞喇伯語，譯即補足相消也。」這句話的意思是：「代數學在西方稱為阿爾熱巴拉，此為阿拉伯文，譯其字義即為補足相消的意思。」

　　這本書在明治初年傳至日本，流傳甚廣，直至今日。

## 附　記

　　卡約里的數學史有如下一段記載：

　　阿爾·花拉子米的《代數書》（*Hisab al-jabr wal-muqabala*）譯為拉丁文時，阿拉伯文的標題仍舊保留了下來。但是隨著時間消逝，第二字逐漸被捨棄，只保留了第一字「代數」（algebra），就像這樣，這個名詞的語源要藉著尋找許多手抄本，才能闡明真相。

　　關於語源，也有不參考典故出處，而採通俗說法的。例如：傳說「代數」（Algebra）一詞是從生於勝比拉的阿拉伯學者札比爾·本·阿夫拉（拉丁人稱其為傑布爾〔Geber〕）之名而來。不過他的出現比阿爾·花拉子米晚了兩個世紀，在最早的代數一詞出現之後，已經過了兩百年。

# 10 | 為什麼我們需要對數？因為可以省麻煩

在前幾節曾屢次提到，在埃及、巴比倫興起的數學成就，經歷了希臘時代與印度數學融合，經過悠長的一千多年，在歐洲大陸展現其絢爛的成果，但是之前的數學大多含有哲學的成分，就日常生活中的實用性來說，根本乏善可陳。

然而從 15 ～ 16 世紀，隨著航海技術的進步，商業規模急速的發展，另一方面天文及測量研究有了飛躍的進展，著名的克卜勒（Johannes Kepler, 1571 ～ 1630）著手計算行星軌道，伽利略（Galileo Galilei, 1564 ～ 1642，發現鐘擺等時性、自由落體法則）發明望遠鏡，熱衷於星象研究等等，需要運用到前人從未想到的龐大數字，因而產生了「計算師」這種熱門的新職業，但計算師只會機械式的計算，對於計算法的改良及計算技術的進步並無任何貢獻。

就在此時，納皮爾（John Napier）發現了世界數學史上三大發現之一的對數計算。

## ■ 對數 ── 因簡單而偉大

現在我們在教科書初次接觸到對數時，會簡單的提到對數是納皮爾發現的，其原理是從

$$a^m \times a^n = a^{m+n} , a^m \div a^n = a^{m-n}$$

$$(a^m)^n = a^{mn} , \quad \sqrt[n]{a^m} = a^{\frac{m}{n}}$$

而來的，但若對數僅止於此的話，就稱不上什麼偉大發明、發現了，事實上關於

$$a^m \times a^n = a^{m+n} \text{ 或 } a^m \div a^n = a^{m-n}$$

這樣的指數定律的根本概念，早在亞歷山卓的文化中就已經萌芽了，後來證明阿基米德也提出與對數原理有關的暗示。但是納皮爾發明對數計算法之時，是指數定律或二項式定理的基本法則尚未確立的時期，因此這項研究真的是極為困難的大事業。

我們在說明對數計算的基本原理時，時常會利用以下的對數表。

| | | | |
|---|---|---|---|
| $2^1 = 2$ | $2^2 = 4$ | $2^3 = 8$ | $2^4 = 16$ |
| $2^5 = 32$ | $2^6 = 64$ | $2^7 = 128$ | $2^8 = 256$ |
| $2^9 = 512$ | $2^{10} = 1024$ | $2^{11} = 2048$ | $2^{12} = 4096$ |
| $2^{13} = 8192$ | …… | …… | …… |

現在運用此表嘗試下列計算，

當 $128 \times 64 = x$ 時，$128 = 2^7$，$64 = 2^6$，所以 $128 \times 64 = 2^7 \times 2^6 = 2^{7+6} = 2^{13}$，再次對照表，

$$2^{13} = 8192 \quad \therefore x = 8192$$

另外，當 $8192 \div 2048 = x$ 時，從表查出 $8192 = 2^{13}$，$2048 = 2^{11}$，$8192 \div 2048 = 2^{13} \div 2^{11} = 2^2 = 4 \quad \therefore x = 4$

這只是利用上列的少數對數表計算特定的數字，在實用方面幾乎毫無價值。若對應所有的數 x，創造出表示

$$x = 2^{m} \ \text{或} \ x = 10^{m}$$

的 $m$ 值的表的話，可以如上所示，乘法、除法都可用指數的加減來演算，乘方、開方也可以指數的乘除輕易算出結果。但尚未發現這方法之前，納皮爾就發明了對數計算的方法。

## ■ 偷懶散漫，反而造就了一位數學家

墨奇斯頓的納皮爾男爵（John Napier, Baron of Merchiston，見右圖），有人唸為奈皮爾或那皮亞，1550 年生於蘇格蘭的愛丁堡墨奇斯頓城，家裡是有錢的貴族，他常常偷懶散漫，因此他父親將他遠送法國留學（1574 年）。畢業後也讓他留在當地專心研究數學，1608 年其父過世，他才回到墨奇斯頓。納皮爾天生特別喜愛數學，終其一生都在研讀數學。

## ■ 小數的乘法也可以用三角函數來算

16 世紀後半葉，丹麥成為研究航海與天文等各種學問的中心地，當時丹麥有兩位數學家維奇及克拉烏發表利用三角表簡化計算的方法，據說納皮爾就是從這裡得到啓發，因而發明了對數計算的原理。

大家都知道，三角函數公式為

$$\sin A \cos B = \frac{1}{2}\sin(A+B) + \frac{1}{2}\sin(A-B)$$

對照 sin、cos 表，可以將兩數的積，轉變為和的形式後求得其解。

　　例如：求 0.17365×0.99027 的結果，參照三角函數表，得知

　　$\sin 10^° = 0.17365$　　$\cos 8^° = 0.99027$

而公式為

$$\sin 10° \times \cos 8° = \frac{1}{2}\left(\sin 18° + \sin 2°\right)$$

再對照三角函數表，得

　　$\sin 18° = 0.30902$　　$\sin 2° = 0.03490$

而 $\sin 18^° + \sin 2^° = 0.34392$

因此 $\frac{1}{2}\left(\sin 18° + \sin 2°\right) = 0.17196$

　　$\therefore 0.17365 \times 0.99027 = 0.17196$

　　實際以加法計算得到的解為 0.17196……，直到小數點後第 5 位都是正確無誤的。與此同理，利用餘弦公式

$$\cos A \cos B = \frac{1}{2}\cos\left(A+B\right) + \frac{1}{2}\cos\left(A-B\right)$$

也可進行相同的計算。

　　前文提過，當時指數定律的相關理論還未完成，因此納皮爾也未發現此點，專心一致的嘗試運用三角函數表計算，花了二十多年功夫，終於製作出精確的三角函數表，1614 年在出版的著作《奇妙的對數定律》（*Mirifici Logarithmorum Canonis Descriptio*）中，公開發表對數計算的方法，並附加了 0 度到 90 度每 1 分的自然正弦對數表。

## ■ 對數的普及與實用

　　納皮爾的書一出版，就立刻引起歐洲各國數學界、天文學家以及航海相關人士極大的迴響，陸續有學者將研究指向這一方面，其中有位當時在倫敦格里辛學院擔任教授的布立格茲（Henry Briggs, 1556 ～ 1631）十分驚嘆於納皮爾的研究及著作，於是遠赴蘇格蘭與納皮爾見面，互相給予各種有益的建議，後來兩人合作，於 1624 年出版了《對數的進位》（*Arithmetica Log-arithmica*）一書，這本書記載了從 1 到 2 萬、9 萬到 10 萬，14 位的對數，是部非常珍貴的文獻。後來荷蘭數學家佛拉格（Adriaan Vlacq, 1600 ～ 1667）改訂增補布立格茲的著作，他求出並發表了從 1 到 10 萬所有數的對數值，直到小數點後第 10 位為止。

## ■ 殊途同歸的布爾基對數

　　發明以指數定律算出對數的人是布爾基（Jobst Bürgi）。他所發明的對數跟現今我們所運用的對數差不多，只是還沒有底數。現在我們使用的對數有以 e 為底數的自然對數，或以 10 為底數的常用對數。布爾基 1552 年生於瑞士，年輕時是宮廷鐘錶師，後來前往布拉格師事克卜勒，研究天文學及數學。他與納皮爾大相逕庭，從指數理論出發，發明出對數計算的方法。布爾基與納皮爾在同一個時期，各自獨立研究卻發表了相似的成果，這在數學史上是一個奇蹟。

　　布爾基似乎做了許多關於將對數應用於實用計算方面的研究，但其著作在當時並未引起世人注意，所以他的研究成果並未流傳後世。另外值得一提的是，克卜勒認為小數是布爾基發現的。

對數因納皮爾、布立格茲、布爾基等人的研究，而受到大家的注目，登上數學界舞臺。因為有了對數，過去無法進行的複雜計算，如今都可以輕鬆的完成，所以對數成了數學實用化的偉大功臣。後來又因為無窮級數的幫助，更進一步完成更精確的大對數表，而對數的研究因為有了克卜勒、布雷克、牛頓、梅爾卡托、高斯等名家的投入，獲得更進一步的發展。

## 附　記

對數是何時傳至東方的呢？大約是在 17 世紀中葉。對數及圓周率為當時最高等的學術，傳教士為了到東方傳教，他們認為學術第一，於是爭相研究數學，將新知識帶進東方，正因為如此，對數在納皮爾發現三、四十年後很早便傳至中國了，最早是在 1653 年，約為中國的順治 10 年。

傳至日本是在享保年間（1716～1735 年），當時的對數表是 10 位數；到了江戶時代中期寬政年間（1789～1800 年），對數表和荷蘭的航海表一起流傳過來，這時是 7 位數；後來到了明治時代，又陸續傳入許多精確的對數表。

# 11 ｜ 數學再爛，也懂九九乘法和加減乘除，誰發明的？

　　從前稱數字叫「一、二、三」，字母為「a、b、c」，全都是從頭開始稱呼，為何九九乘法不叫做「一一」乘法，卻特意從最尾端的九九八十一取名為「九九」呢？

　　現今的九九乘法是從中國流傳而來，但並不像今日一般由小至大背誦：一一得一、一二得二，而是背誦：九九八十一、八九七十二、八八六十四……，從大的數字往回倒背，據說九九乘法的名稱便是因此而來。在距今約一千年前，約是日本平安時代，在貴族子弟教科書《口遊》的手抄本中，也記載了九九乘法。

## ■ 英勇的騎士會研究數學，是因為悼念公主？

　　許多學生都知道各種有趣的數學遊戲，這些問題多半是由某些人想出來，也都十分容易解答。但是仔細研究，竟發現這些問題個個都有其來歷，因而令人覺得玩味，現在就來看看其中一、兩題。

## 【一】蛀蟲

如右圖所示，有 I、II、III 三本外文書，書背面朝外排列在書架上，每一本書的厚度都是 5cm，封面、封底都是一頁 1cm，但是這些書都被蟲蛀了，假設從第 I 本的第一頁到第 III 本的最後一頁都被蛀了個洞，那這個洞的全長為多少公分？　　（羅伯的問題 I）

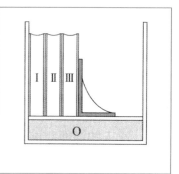

若只是馬虎思考，認為一本的厚度含封面、封底是 7 × 3 = 21 cm，所以減掉兩端的兩頁封面是 21 － 2 = 19 cm 的話，那就不及格了！

## 【二】蝸牛

某一天早晨，一隻蝸牛從高度 3m 的旗竿下方往上爬，當天傍晚爬到 120cm 處，晚上下滑 60cm，然後第二天早上再往上爬，傍晚上升 120cm，晚上又下滑 60cm，這隻蝸牛像這樣白天上升 120cm，晚上下滑 60cm 的話，第幾天可達頂端？　　（羅伯的問題 II）

若又只是草率計算 300÷( 120 － 60 ) = 5（天）的話，是不行的。

關於這位羅伯，有一段淒美的故事。

在中世紀十字軍全盛時期，有位名聲響亮的騎士（knight），名叫羅伯，他驍勇善戰，充滿了正義感與愛心，因而被堡主相中，與公主訂婚。

但按當時的習慣，騎士都必須遊歷諸國，忍耐一切困苦貧乏、鍛鍊身心，成為偉大的騎士後，才能回到城堡中謁見堡主，躋身勇士之列。因此羅伯也離開城堡，到各地遊歷，數度以金劍夷平蠻族，建立顯赫的功勳

後，意氣風發的回到城堡裡。不幸公主染上重病，在羅伯回來的三個月前就去世了。

羅伯悲痛欲絕，在公主的墓旁搭了一間小茅廬，住在裡面為公主祈禱，有忠僕賽爾特相伴，終身不娶。他拋棄了騎士的頭銜，早晚都為過世的公主祈福，同時飽覽關於煉金術及數學的書籍。有一天，僕人賽爾特因事外出，晚上回來時，發現羅伯在枕邊留了一封遺書給賽爾特，原來他追隨公主的腳步，飲毒酒自盡了。

沒人知道他悲慘的一生中，對於煉金術或數學到底進行了什麼研究，但在他遺留的片段紀錄中，可以看到他與賽爾特兩人間以問答方式，記錄下許多有趣的數學猜謎，這些稱為「羅伯的數學遊戲」其中一部分保留至今。之前提到的蛀蟲或蝸牛問題，就是其中的部分內容。

那麼前頁第一題的答案是什麼呢？外文書是橫式書寫，所以第 I 本的封面和第 II 本的底頁排在一起，第 III 本的底頁和第 II 本的封面排在一起，第 I 本的第 1 頁到第 III 本的最後一頁都被蟲蛀掉了，按照如圖所示的排列方法的話，蟲蛀掉的只有第 II 本全部、第 I 本的第 1 頁封面，以及第 III 本的底頁 1 頁，總共是內頁 5cm 和封面、封底 4 頁 4cm，結果正確答案是 9cm。

第二題則是第 1 天傍晚時爬至 120cm 處，第 2 天是 $120 - 60 + 120 = 180$ cm，第 3 天爬到 $180 - 60 + 120 = 240$cm，第 4 天傍晚爬到 $240 - 60 + 120 = 300$ cm 竿頂處。

## ■斐波那契數列是從生幾隻小兔子而來的

13 世紀初的時候，義大利有位名為李奧納多 · 斐波那契（Leonardo Fibonacci）的數學家，他以斐波那契數列（Fibonacci numbers）而聞名。

1202 年出版《計算書》（*Liber Abaci*），其中有題兔子問題如下：

「假設 1 隻兔子出生滿 2 個月後可以生小兔子，之後每一個月都生小兔子，假設每次都一定生出一對雌雄兔，最初的一對兔子出生滿 10 個月後，總計有幾對？」

這個問題跟老鼠問題十分相似，看似十分普通，但卻稍有不同。

試著舉出第 1、2、3、……10 個月出生的數目（雌雄一對以 1 表示），其結果如下：

　1、1、2、3、5、8、13、21、34、55、89

這列數字為所有的項都是前 2 項的和的級數，這是在現在十分常見的問題，但在當時非常新奇，因而引起世人的關注，後人將其命名為斐波那契數列或斐氏數列。斐波那契還研究印度記數法，融合阿拉伯數學，致力於將代數學推廣至歐洲各國。

## ■ ＋ － × ÷ 天天在用，但你有想過是誰發明的嗎？

人們是何時開始使用計算符號「＋」「－」「×」「÷」的呢？又是誰創造的呢？這是個有趣的問題。

最初創造加法符號「＋」和減法符號「－」的人是德國的約翰 · 魏德曼（Johannes Widmann），他在距今約四百五十年前，於波希米亞出版的數學書中使用了這些符號，但並非是加法、減法的符號，而是用來表示正、負。最早將此符號用為加號、減號的，是在荷蘭的荷伊克所著的數學書，後來法國數學家韋達在其著作中大量運用，這兩個符號才開始普及。

乘法符號「×」是三百多年前由英國數學家威廉 · 奧特雷德（William Oughtred）發明的。「÷」則是大約兩百八十年前由瑞士人約翰 · 海音利 ·

雷恩（Johann Rahn or Rhonius）所發明，直到爲英國人約翰‧貝爾（John Pell）在他出版的數學書裡，用這個符號來表達除的意思，才被世人廣泛運用。等號「＝」則是大約在四百年前左右由英國人羅伯‧雷科德（Robert Recorde）發明的，但最初並非是「＝」字型，而是 Z 字型，後來才演變爲現在使用的字型。

## ■世界最早的大學入學考，柏拉圖舉辦的

入學考試競爭之激烈並不是現在才有的，不光是我們年輕之時，連江戶時代、平安時代（794 ～ 1192 年）、中國、印度、美國也是，凡是熱門的學校都會以某些測驗來選拔優秀人才，那麼人類最早的入學考試是何時舉行的呢？其實，人類最早的入學考試是柏拉圖在學院之林舉行的。

世界四大聖賢指的是耶穌基督、蘇格拉底、釋迦牟尼、孔子，當中的蘇格拉底門下有一名弟子柏拉圖，追隨蘇格拉底學習哲學，年輕時專心研究哲學，幾乎無暇顧及數學。

然而，他在蘇格拉底死後遊歷各國，與許多數學家往來密切，因而對數學產生很大的興趣，受到當時著名的畢達哥拉斯學派的學者啓發，最後成爲數學界的大師，尤其在幾何學方面造詣深厚。

柏拉圖時常對人道：「解開宇宙奧祕的關鍵就是幾何學。」又說：「神時常將萬物以幾何學的型式表達。」藉此強調幾何學的重要性。

柏拉圖結束了學習之旅後，回到故鄉雅典，在學院之林開設學校，雖稱爲學校，但當時的學校沒有地理、歷史、物理、化學、國語、英文，學習科目主要就是哲學和數學而已。柏拉圖特別重視幾何學，在門上高掛牌子，上面寫著：「不懂幾何學者，不得入內。」因此希望進入這所學校的人，都要接受幾何學考試，這可能是人類史上最早的入學考試了。

　　柏拉圖死後，色諾克拉底（Xenocrates）繼續在學院之林招募許多學生，教授數學和哲學。現在高中畢業之後，為了研究專門學問而上的高級學校稱為學院，就是從這學院之林而來的。

## ■算計回教徒的遊戲

　　以下是據傳由猶太歷史學家喬瑟夫（Ludns Joseph, A.D.37 ～ 95）所發明的數學遊戲：

　　「15 名基督教徒和 15 名土耳其人同乘一艘船航海，遇到暴風就要沉船時，船長宣布為了減輕重量，要將一半的人丟入海裡，以保住剩下的 15 人。所以 30 人圍成一圈，從第 1 人算起，每算至第 9 個人就要丟入海裡，這麼一來，15 人陸續被丟入海裡之後，剩下的 15 人居然都是基督教徒，請問他們的排列方式為何？」

　　後人稱此為喬瑟夫的遊戲，是許多人都很熟悉的問題。

　　日本古時的算術書也有類似的問題，名為「繼子排列」，這種問題並不容易解答。

　　有一位名為凱吉的人，作了以下的詩來解這個問題：

From numbers aid and art

　　　Never will fame depart.

　　將這首詩中的母音 a、e、i、o、u，標示 a ＝ 1、e ＝ 2、i ＝ 3、o ＝ 4、u ＝ 5，把詩裡的母音列出，寫下對應的數值如下：

o u e a i a　a　e e i a e e a

4 5 2 1 3 1 1　2 2 3 1 2 2 1

　　然後將基督教徒以○表示，土耳其人以●表示，如右頁圖般從符號※起，照上列數字交互排列基督教徒及土耳其人，首先是基督教徒 4 人，

然後土耳其人 5 人，接著教徒 2 人，接下來都照上列數字交互排列，然後從第 1 人開始，每 9 人就去除 1 位的話，最後會剩下 15 位基督教徒。

　　後來都有類似這類問題的各種猜謎遊戲，但礙於篇幅限制，只好省略。

## 附　記

　　要找出上述問題的解答，先畫上 30 個○排成一個圓，從第 1 個算起，算至第 9 個時將圈圈塗黑，接著再數至第 9 個塗黑，畫滿 15 個即可輕易看出排列方式。把這樣的問題當作一般的數學問題顯得過於簡單，最好還是當成猜謎式的問題，然後神氣的在大家面前寫上 4、5、2、1、3……。如果解題時先畫○再塗上黑色，就會顯得毫無樂趣，因此比較有趣的方法，是記住凱吉的詩當作解題提示。

# 12 | 討厭數學？東羅馬帝國的皇帝也是

埃及、希臘的輝煌文化因西元 638 年的戰禍，亞歷山卓被攻陷，從此陷入黑暗期，直到 16 世紀中葉文藝復興時代前，數學研究都處於毫無進展的狀態。但是，當時阿拉伯商人頻繁的與埃及和希臘商人往來貿易，將文物傳至歐洲各國，同時也與印度往來，將當地物資輸入歐洲各國，因此阿拉伯數學受到印度數學相當大的影響，而且阿拉伯人將埃及、希臘的古老幾何學翻譯成阿拉伯文，致力傳播至各地，因此留下不少獨創研究。

印度發展出與埃及和希臘數學全然不同的獨特數學，其中有以對角線垂直相交的圓內接四邊形定理聞名的婆羅摩笈多，他是知名的數學家及天文學家，著有《印度天文學系統》一書，還有婆什迦羅（Bhaskara, 1114年左右），是將算術、代數學有系統的組織起來的名數學家。

阿拉伯本身也出現多位數學家，巧妙的把從亞歷山卓學得的幾何學、三角學應用在測量上，簡化計算程序。阿爾巴塔尼就是其代表人物，還有1038 年客死於開羅的海桑（Al-Hazen），他是以關於圓的弦及弧的海桑定理聞名，是《光學》（Kitab al-Manazir）的作者。

在阿拉伯、印度，代數、算術等關於量的計算的研究十分盛行，更勝於幾何學的相關研究，與此相關的著書也不在少數，其中被稱為阿拉伯數學始祖，9 世紀的數學家阿爾‧花拉子米的《代數書》是最重要的著作，備受後世推崇。前文提過，阿爾‧花拉子米的數學與現今的代數學相似，將該作品從阿拉伯文譯為拉丁文後，就成為「代數」的語源了。

還有現在所用的數字 1、2、3 稱爲阿拉伯數字，但這其實原本是從印度傳來的，前文提過，印度數學全都經由阿拉伯人之手流傳至歐洲各國，由印度文翻譯成阿拉伯文的數學普及歐洲各國，導致數字名稱變成阿拉伯數字，而非印度數字了。

到了 15 世紀，德國的柯尼斯堡，出現一位有名的數學家雷格蒙塔努斯（Regiomontanus, 1436 ～ 1476），他大力推廣中斷已久的古希臘數學，而且也完成與三角學相關的系統性研究。

接著從 16 世紀中葉至末葉，又出現了新的代數學創始者韋達，他創出方程式的符號代數算法，以代數來解決幾何學的問題，後來啓發了笛卡兒（René Descartes, 1596 ～ 1650）發現座標幾何學。韋達精通埃及、希臘的古代幾何學，而且三角學中常用到的公式 $\sin 2\alpha = 2\sin\alpha\cos\alpha$ 據傳也是他的發現。

而 16 世紀末至 17 世紀，出現了偉大的數學家克卜勒，他是近世天文學的大師，在幾何學方面造詣深厚，他讓計算旋轉橢圓體、迴轉雙曲線體、迴轉拋物線體面積的阿基米德原理更通俗化，將無限的概念導入幾何學寫成《新立體幾何學》一書。他的平面幾何的星形研究、極大極小的相關基本概念、畫法幾何學、投影幾何學也十分出名。

## ■ 黑暗時代：數學差、成就更差

數學由上古的巴比倫人、埃及人或印度人創造，而西元前 7 世紀後，主要由希臘人發展，誕生了許多有名的大學者，但後來到了中世紀，進入歐洲的黑暗時期（一般認爲是從 476 年西羅馬帝國滅亡，到 14 世紀文藝復興時代之前），曾盛極一時的數學也完全荒廢、停滯不前，更慘的是，研究數學的人都被當成占卜師或騙子，受到極大的迫害。

　　拜占庭帝國（東羅馬）的查世丁尼大帝，於 529 年公布《查世丁尼法典》，條文當中有條標題為：「取締騙子及數學家。」內容規定：「占卜師或運用數學之術者，必須處以最嚴厲之處罰。」

　　同樣的，在費歐多西亞大帝的法典中也規定：「禁止任何人求教占卜師或數學家。」由此可以想像，當時的人對科學抱持多麼昏庸的看法。

　　這個時代是羅馬教宗的全盛時期，教宗認為：「人類是神創造的，唯有神是宇宙的造物主，是至高無上的，但科學家卻胡亂捏造理論，是違背神意，迷惑人心的不法之徒，罪不可赦。」因此容不下科學，而且此股迫害科學的風潮延續了很久。

　　在這種背景之下，著名的大學者伽利略等人也受到基督教徒強烈的迫害，其中一位主謀公布一封聲明書說：「伽利略是擅立異說，違逆神意的不法之徒，必須即刻燒死。」若是古代未開化的蠻荒時代尚可理解，但這事情卻發生在 17 世紀，實在令人驚訝。

　　此外，波蘭的大天文學家哥白尼（Nicolaus Copernicus, 1473 ～ 1543）批評自古以來的「地球中心體系說」，完成《天體運行論》，主張：「太陽繞著地球運行的說法完全是錯誤的，實際上是地球繞著太陽運行。」因此，當時一直以托勒密的天動說為絕對真理的人們，對此說法強烈抨擊。後來同樣主張地球繞太陽運行的伽利略在異端審問所被拷問，強迫他發誓今後絕對不再主張地動說後，終於獲得暫時的釋放，但據說伽利略步出法庭時，仰望天空自言自語道：「地球仍舊是繞著太陽轉。」

　　當時許多優秀的科學家，陸續被頑固愚昧的基督教徒拷問或燒死，而且延續了很久。西班牙的異端審問所所長（大審問官）湯瑪斯．托克威瑪達，他逮捕了西班牙代表性的數學家華爾梅斯，還以火刑燒死他。這都是因為華爾梅斯熱衷研究四次方程式的解法，而托克威瑪達一派人士認為人類的智慧不容侵犯神的領域之故。不過，後來四次方程式的解法在 16

世紀中葉爲義大利的數學家費拉里（Ferrari, 1522～1565）發現。

中世紀長期踐踏科學的萌芽、迫害科學家的結果，當然使數學家以及所有學者都消失無蹤，歐洲社會陷入極度衰退的情況，於是後代史學家把歐洲這段時期稱爲黑暗時期。

另一方面，在中亞的各民族中，陸續出現致力研究古代文化的人，在科學復興方面，留下偉大功績。尤其是7～9世紀左右的阿拉伯民族，他們展開大規模征戰，陸續征服古文明先進的國家，而他們深感不僅戰爭，還有航海、工業、商業方面，都需要科學知識，所以很流行研究被征服民族的古文化，因此希臘數學及數學家的事蹟，大多譯成阿拉伯文。

阿拉伯民族的作爲，對現今我們在了解古代數學的樣貌上有很大的幫助。後來進入文藝復興時代，長期不見天日的科學突然遇上這種盛況，終於得以爲今日的發展奠定根基。

## ■ 近世數學：幾何學大革命

17世紀初歐洲的三位偉大數學家，笛卡兒、費馬、羅貝瓦爾（Roberval, 1602～1675），幾乎同時活躍於數學界，這是值得大書特書的事蹟。笛卡兒因座標幾何學，也就是解析幾何學的創始人而聞名於世；費馬在整數論方面，以其著名的費馬最後定理，還有與克卜勒並列微積分先驅，在數學界留下偉大的貢獻。羅貝瓦爾將力學的運動法則巧妙應用於數學，現在我們認爲所謂位於曲線上一點的切線，就是一點沿此曲線運動點的方向，此概念據說就是由羅貝瓦爾最先提出的，但相反的，費馬和笛卡兒認爲割線的兩個交點合爲一點時才是切線。這兩個概念現在仍舊同爲微積分概念的基礎。

當時有一位年輕的著名數學家巴斯卡（Blaise Pascal, 1623～1662），

他證明出有名的巴斯卡六邊形，也就是「圓錐曲線的內接 6 邊形，其三雙對邊的三個交點位於同一直線」，而這是在他年僅 16 歲之時發現的，世人因而大為震驚。巴斯卡的成就不僅於此，關於圓錐曲線，他還有其他卓越的嶄新研究，可惜遺稿散失，且他在年僅 39 歲之時就英年早逝，實在令人惋惜。

與巴斯卡一樣，以研究圓錐曲線聞名的學者，還有法國的笛沙格（Desargues, 1591 ～ 1661），過去是將圓錐的橫切面分為橢圓（包含圓）、雙曲線、拋物線三部分，從不同觀點研究，笛沙格將這三種曲線統合，成功發現圓錐曲線共通的一般性質，這是他偉大的貢獻。

在此時代，為幾何學帶來一大變革的，是笛卡兒的解析幾何學，針對過去只以圖形為主的幾何學，笛卡兒運用座標提出動點運動，為幾何學開創出全新的局面，掀起幾何學研究上的一大革命。

## 附　記

希臘在幾何學方面，印度在代數和算術方面都有卓越的研究，而阿拉伯則在三角學研究方面展現其獨特性。

他們於 773 年引進婆羅摩笈多的《Siddhanta》後，接受了正弦的概念和正弦表，隨後翻譯希臘托勒密的著作《天文學大成》（Almagest），吸收希臘的天文學知識，因而從正切、餘切導入正割、餘割，最後成功將 6 個三角函數以及相互關係式系統化。更進一步精密計算正弦，然後成功製成餘切、正割表，觸角更廣及球面三角學，釐清其公式的發現以及與平面三角學的關係，將三角學視為數學科中的獨立學科，建立與幾何、代數並列的體系，這就是阿拉伯數學的特色。

印度數學流傳至阿拉伯，是在阿拔斯（Abbasid）王朝（750 ～ 1258 年）之時，當時阿拉伯鼓勵輸入外國文化，在文化發揚上投注大量心力。

# 第二章

## 日本的和算，可不只是教你怎麼用算盤

- 焚書坑儒的秦始皇，竟然促成中國的數學發展！？
- 日本「算聖」關孝和也發現了微積分
- 什麼是龜井算？
- 原來和算中也有畢氏定理……

# 1 | 日本的數學源自中國，中國發展數學是為了蓋長城

　　考古學家一致認為，中國大陸的黃河、長江流域，不知從幾萬年前起，就已經有人在那裡建立獨特的文明，過著群聚生活。

　　翻開中國古代史，後人在北京郊外的洞窟，挖掘出距今大約 50 萬～60 萬年甚至 100 萬年前的人骨化石、遺物及疑似石器，據說也發現了當時曾使用火的證據。此外，中國大陸出土最古老的文字紀錄，為河南省安陽縣附近出土的殷代文物，殷代是在西元前 1780 年左右建立的，其中有刻在龜甲、獸骨上的各種類似象形文字、數字的字跡，除了文字之外，還有三角形、六角形、五角形等幾何圖形。

　　之後陸續有零星片段的數學典籍顯示，到了西元前 200 年左右，當時已經流傳我們現在所使用的 10 進位，比較不同的是，當時的大單位也是採 10 進位，10 萬稱億，10 億稱兆，10 兆稱京，任何位數都是以 10 進位為單位（編按：日文原文為 10 万を億、10 億を兆、10 兆を京，但依照中國現行的進位方式，大單位已不再是 10 進位，應該是 1 萬萬稱億，1 萬億稱兆，1 萬兆稱京。與西元前 200 年的進位法有出入，感謝江翠國中退休數學老師陳老師來電指點）。

## ■ 算木──古代的中式計算機

　　西元前 7 世紀至 4 世紀間完成的數學典籍，記載了現在我們所使用的

九九乘法，不過，當時中國的乘法是從後面往前推算的，也就是 9 × 9 = 81、8 × 9 = 72⋯⋯直到 1 × 1 = 1。還有日本和算中所用的算木（仿自中國的算籌），也是從中國傳入日本，在日本很早便普遍使用了。

算籌是中國特有的發明，其他民族並沒有這種計算道具。稍後在日本和算一節（見第 95 頁）會進一步說明，這是一種用竹子或木頭製作，粗 3 ～ 5mm、長 10 ～ 20cm 的四角細長小棒子，將 200 支綑成一束放入皮袋，方便隨身攜帶。

中國最早使用算籌的紀錄是在大約西元前 3 世紀左右，關於發明人以及地點等，雖然眾說紛紜，但其實並沒有一定的結論。關於如何利用算籌計算數量，會在稍後的日本和算一節說明，在此先略過。

## ■九章算術─── 一輩子都用得到

中國現存最古老的數學書是《九章算術》，本書是從西元前 1 世紀，集眾人之力，再由三國時代的魏國劉徽於景元 4 年（263 年）注解，後來流傳至日本，對日本和算的基礎產生很大的影響。這本書到了唐代，由李淳風重新增注，此後更廣爲世人所知了。

《九章算術》的內容是將漢朝以前日常生活會用到的各種運用，歸納成九章，採用問題集的形式，共有 246 道題。這九章分別爲：

方田：計算土地面積，包括分數的計算。共 38 題。
粟米：糧食依照比例來交換的問題，先定出交換率，再應用比例求解，共 46 題。
衰分：比例與等差、等比數列，共 20 題。
少廣：已知田畝面積求邊長，以及由球體積求直徑，也就是開平方與開立

方問題，爲世界最早提出開平方、開立方法則的記載。共 24 題。

商功：各種土木工程中的立體（如築城、疊堤、挖溝、修渠等）體積計算，
　　　包括方體、台體、圓柱體、楔形體、錐體等體積的計算。共 28 題。

均輸：納稅與運輸有關比例的計算題，是較複雜的比例計算。共 28 題。

盈不足：盈虧問題的解法。共 20 題。

方程：線性聯立方程式的解法，已討論負數的概念。共 18 題。

句股：這是在《周髀算經》中句股定理的基礎上，形成應用問題的句股術。
　　　它也是中國傳統算學的重要內容。共有 24 題。


## ■ 為了奴隸而發明數學

值得注意的是，古代中國的數學並非爲了研究學問，也不是爲了促進
文化進步，完全是建立於奴隸制度上的特殊產物。

名聞遐邇的萬里長城長達 3000 公里，爲了築起長城，秦始皇奴役了
30 萬名奴隸，此外，爲了建造秦都和自己的宮殿，也動用了高達 70 萬名
奴隸。

不僅秦始皇是這樣，其實古代中國各個朝代，數學都是建立在大規模
的奴隸制度上，所以大規模的土木、建築、河川工程，以及租稅徵收、田
地劃分、金錢利息等，實際需要應付的問題多如牛毛，差使奴隸的官吏要
一一學習這些數學相當困難，因而有人用公式列舉出許多問題，顯示計算
的基準，這就是數學。當時的數學完全不用說明解法的原理或公式的來
源等。

## ■ 算法統宗──第一本商用數學

此外，中國的古老數學典籍中，還有一部《算法統宗》，這本書是 1592 年（明朝）由安徽人程大位所著，與《九章算術》都可稱得上是中國古代重要的數學典籍。

《算法統宗》17 卷，總共有 595 道問題，這是明末以後影響最大、以珠算盤爲計算工具的數學著作。程大位青壯年的時候，在長江中下游一帶經商，當時就對數學很有興趣，開始收集算書。他大概在 40 歲的時候賺夠了錢退休，從此研究珠算術達 20 年，完成這本書。後來又根據《算法統宗》，編寫了精簡版本《算法纂要》，一共 4 卷。

《算法統宗》的前 2 卷是預備知識，包括數學術語的解釋，度量衡制度、珠算口訣及珠算盤上的應用等。卷 3 至 12 爲應用問題解法彙編，以《九章算術》的卷名爲卷名，程大位在書中記載了如何用珠算來開平方、開立方。卷 13 至 16 爲難題彙編，卷 17 則收集了不能歸於上面各卷的雜法。本書是爲了商業交易的需要而整理，程大位在書中還加上了自己發明的一些算法，之後本書由徽州商人推廣至全中國，之後也流傳到朝鮮、日本。

## ■ 經濟好，就學數學

原本日本的數學，也就是日本和算，受到中國數學很大的影響而發展，中國數學前後共兩次傳入日本。第一次是飛鳥（592 ～ 710 年）、奈良時代（710 ～ 794 年），傳入漢魏六朝數學，由於當時日本正逢佛教全盛時期，沒人了解數學究竟爲何物，數學因而銷聲匿跡。

第二次是江戶時代初期元和（1615 ～ 1624 年）、寬永年間（1624 ～ 1643 年），傳入元、明的數學，當時德川幕府根基穩固，文化也繁盛，

是個在築城、交通、產業方面極需要數學知識的時代，因而中國數學不到半世紀就被學習吸收，甚至發展出日本獨特的數學，且出現許多著名數學家。

## ■ 數學好，可以當官

查閱日本歷史，從欽明天皇時代（539～571年）起，中國、朝鮮文化就蓬勃的傳入日本。欽明天皇15年（554年），朝鮮的曆學博士固德王保孫、易學博士施德王道良、醫學博士奈率王稜陀等人來到日本；推古天皇10年（602年），百濟僧侶觀勤獻上曆書、天文、方術之書；孝德天皇在大化2年（646年）公布的文書當中，出現「深諳算術之人納為文書官員」一文，由此可知當時多多少少已開始推行數學了。

之後淳和天皇天長10年（833年）制定的《養老令》中明白記載，在大學宿舍中安置算學博士2人、算學門生30人，從此時開始，數學終於普及當時社會了。

# 2 | 日本和算用算盤，因為不會用數字筆算

現在我們接觸的數學，都是從歐美直接流傳而來的，至於日本獨有的數學，也就是「和算」，卻幾乎被遺忘了。說到和算，很意外的，有不少人認為是珠算的別名，或者是「鼠算」、「盜人算」，或者認為不外乎是像「黑白棋排列」之類通俗的數學遊戲，不值得一提。

但事實上，日本人的祖先擁有優秀的數學頭腦，曾經鑽研和算歷史的人，都會對古人研究之偉大、組織之廣泛而驚訝不已。

和算內容廣泛複雜，想要一窺全貌，並非易事，僅是探索其皮毛，就需占去許多篇幅，因此在此僅簡單介紹一些片段。

## ■ 實用的初期和算

即便是未開化的國家或民族，隨著人類歷史的發展，多多少少都會有一些數學概念的萌芽，古代的日本人也擁有絕不亞於其他民族的優秀頭腦。在美術、工藝、文學，還有其他方面都有卓越的成就，當然在數學才能方面，也絕不遜於其他民族。

但由於日本位居東海孤島上，和各國的交通往來甚少，因此文化交流也慢，在像數學這樣需要跨越國界、由多位學者共同推展研究的學問上，其發展當然會比較落後。

　　據說距今一千四百多年前的欽明天皇時代，在佛教傳入的當時，從朝鮮百濟有曆學博士來朝，那時才開始將曆學及天文之術流傳至日本，這可能是數學傳入日本最早的紀錄了。

　　之後，經歷大化革新，進入大寶（701 ～ 704 年）、養老（717 ～ 724 年）時代，日本和中國（當時為唐朝）往來頻繁，因而大量引進中國文物制度，從土木建築、天文、曆學到租稅徵收、國家財政的收支等，各方面無所不包，對數學的需求乃應運而生，因此培養官吏的學校也開始設置數學科，數學老師稱之為算學博士，學生稱為算學門生。但是當時的數學與埃及、希臘時代的數學不同，主要是以實用的計算為主，方法也全都是從中國傳來的，似乎沒有日本人獨創的數學。

## ■ 不會用數字筆算，只好靠算木

　　當初人們尚不知道利用數字筆算的方法，因而以仿自中國算籌的算木取代數字。在日本是用削成四角、長約一寸的細長木片，排列於算盤之上，進行加減乘除等計算。算木的排列如下，用以表示 1 至 9 的數：

$$| \quad || \quad ||| \quad |||| \quad ||||| \quad \top \quad \overline{\top} \quad \overline{\overline{\top}} \quad \overline{\overline{\overline{\top}}}$$
$$1 \quad 2 \quad 3 \quad 4 \quad 5 \quad 6 \quad 7 \quad 8 \quad 9$$

還有 10 至 90 是如下排列：

$$\overline{\phantom{-}} \quad \overline{\overline{\phantom{-}}} \quad \overline{\overline{\overline{\phantom{-}}}} \quad \overline{\overline{\overline{\overline{\phantom{-}}}}} \quad \overline{\overline{\overline{\overline{\overline{\phantom{-}}}}}} \quad \bot \quad \underline{\bot} \quad \underline{\underline{\bot}} \quad \underline{\underline{\underline{\bot}}}$$
$$10 \quad 20 \quad 30 \quad 40 \quad 50 \quad 60 \quad 70 \quad 80 \quad 90$$

100 至 900 與 2 至 9 的數字是一樣的縱向排列，而 1000 至 9000 與 10 至 90 是一樣的橫向排列，也就是說奇數位與偶數位交互如上排列，因此要表示 27056 的話，就如下圖排列：

| 十萬 | 萬 | 千 | 百 | 十 | 個 |
|---|---|---|---|---|---|
| | ‖ | 亠 | | ≡ | ⊤ |

　　後來將此以符號表示之後，會放置棋子或畫〇當作零的符號，27056
就成為：

$$‖\ 亠\ 〇\ ≡\ ⊤$$

　　在龐大的算盤上排列算木，做整數的加減乘除或求平方根、立方根，
這和我們現在簡便的計算方式相較之下，可以想像當時利用算木和算盤來
計算，是多麼的不便。

（註）算木原本是以竹子製作的細長棒子，由於不便使用，而更改為木頭。

　　算盤大多是在白布上畫上如棋盤般的直橫線，決定好位數，然後在其
上排列算木演算。有趣的是，算數的算字原本為「筭」，這個字是在竹字
頭下加上「弄」，亦即是中國人為了計算，都要擺弄竹製的算木，因而這
樣就造了一個字。

　　當時中國的數學程度相當高，至於其中有多少傳入日本，而又是如何
被學者研究呢？至今大家依然不清楚。但是平安時代中期至末期，社會瀰
漫頹廢的氣息，接著從室町時代（1336～1573年）到戰國時代，天下又
是一片亂世景象，完全荒廢了學問，進入文化的黑暗時代，好不容易從
中國傳入的珍貴數學才剛萌芽，就這樣中斷了，實在可惜。


## ■ 建設國家與發展數學

　　戰國時代的動亂結束，豐臣秀吉統一天下之後，國內的社會情勢也完
全改變，各種工業蓬勃發展，商業往來也熱絡起來，隨著軍事技術的改革、

築城技術的進步、大規模的測量、礦山的開發、橋梁的架設，社會上各方面的發展都迫切需要數學。

　　就在此時，朝鮮之戰（1592～1598年）開打，和中國的往來也開始日漸頻繁，此時中國數學再度有機會傳入日本。當時中國明朝程大位所寫的《算法統宗》及元朝朱世傑的《算學啓蒙》數學典籍紛紛傳入日本，專門研究數學的學者也陸續出現。同一時期，珠算也自中國傳入，深受日本國民愛用。

## ■ 算盤誰發明的？

　　算盤為自古以來深受日本人愛用的計算工具，是日常交易中不可或缺的寶物，因而有不少人一直以為算盤是日本人發明的。實際上，算盤是自中國傳入日本的，另有一種說法表示算盤是從美索不達米亞平原傳來。

　　但是，這種計算工具到底是何時出現在中國的？算盤的起源眾說紛紜，其中有一說是在漢代（西元1世紀左右），當時有本名為《算術記遺》的書中，曾提到算盤（當時的名稱還不是算盤），因此有學者認為當時中國已出現算盤，但也有許多學者並不認同。

　　可以肯定的是，大致上從宋朝末期（也有人認為是元朝中期）到明朝之時，算盤已在全中國境內流通。至於算盤傳至日本的這段歷史，也是眾說紛紜，但從《算法統宗》或《算學啓蒙》等書籍傳入日本之時起，算盤可算是日本人廣泛使用的工具了。

　　《算法統宗》是明朝程大位的著作，萬曆21年（1593年）初版，在中國和《算學啓蒙》（1299年）同是著名的數學典籍。

　　而中國和日本的交通，在室町時代往來頻繁，透過往來貿易的商人，方便的算盤當然漸漸傳入日本。

　　然而，要探尋日本的數學書如何介紹算盤？當然就得提到毛利重能的《割算書》了。下一節就會提到毛利重能，他所著的《割算書》，是日本獨創的最古老數學著作，書中將算盤稱為「算馬」。

## ■ 算盤是舶來品？

　　關於算盤的起源，日本大學的山崎與右衛門教授，曾在《朝日新聞》發表文章，內容如下：

　　一般認為算盤的前身是東方計數用的算木，算盤的撥法是由左至右，但東方文字的書寫方式是由右至左，因此實在令人感到匪夷所思。實際上查閱許多資料後，發現算盤似乎是誕生於美索不達米亞平原，後來流傳到了羅馬。因此算盤源自中國的說法是錯誤的。

　　研究算盤歷史長達三十多年的山崎與右衛門教授如斯斷言。前漢、後漢書中明白記載，中國商人將絲綢運至羅馬，回程時將算盤帶回中國。大約同時期的《數術記遺》中，也記載和羅馬相同的算盤的計算方式。但不知何故，之後直到明代中期，算盤在中國民間並未被廣泛使用。山崎教授認為，直到明代中期之後出版的《九章算法比類大全》（1450 年）和《算學寶鑑》，才看出算盤在中國普遍運用的情況，他作了如下的描述：

　　三上義夫的研究著作《中國日本的數學發展史》，使外國清楚明白高等的東方數學，而關孝和的微積分也有算盤的影子，因此藉著算盤來計數，可以說是東方數學的根基。

　　山崎教授的論文《中國的算盤起源》、《藉工具計算乘除法的歷史》等都被譯成英文，使西方世界了解東方學術研究，他很早便已深諳算盤技巧，所以留意到像重複加減的乘除法的基本方法，找出中國算盤和羅馬算盤算法之間的關係，論證了與算木發展出的算法是完全不同的體系，這不單只是推翻了古籍的說法而已。

　　先前曾提及的毛利重能，很少人知道他的生平，後來有人研究後，才進一步知道以下的故事。

　　他本名為元利勘兵衛重能，原是池田輝政的家臣，後來因故成了豐臣秀吉的家臣，明朝時到中國學習算學，但身分卑微而未能跟隨良師，因而回到日本。秀吉授予他出羽守這個官職之後，再到明朝求學，但碰巧朝鮮戰起，中國政局不穩，還是沒達成願望就回國了。

　　但此時秀吉已死，重能移居至京都的二條京極附近，建立專門教授算學的私塾，高掛「天下一割算指南所」的獨特大匾額後，學生紛紛湧至，據說算學因而大為興盛。下一節中的《塵劫記》作者吉田光由，也是毛利重能的門生。

## ■ 在日本，算盤有八種名字

　　前文曾提到，日本最古老的數學書《割算書》中，把算盤稱為「算馬」。在中國自古以來普遍都寫成算盤，但容易與排列算木計算時所用的「算盤」混淆，因而算盤在日本有許多不同的名稱。

　　算盤的別名有珠盤、十呂盤、十露盤、算顆盤、數轤盤、所六盤、承露盤等，但讀音都是「算盤」（soroban）。

　　關於「算盤」讀音的由來，自古以來也有多種說法，似乎是從中文「算盤」轉訛而來的，而文字是後來才創造的，所以才會有前述八種不

同的寫法。

　　在古老文獻中，文祿 4 年（1595 年）天草的耶穌會學林版的葡萄牙文與日文的雙語辭典中，abaculus 的日文發音是 Soroban，可見當時已開始念為「soroban」了。江戶時代的學者小山田與清所著的《松屋外集》第七卷中寫到：「soroban 寫為揃盤，表算珠聚集之盤之義，抑或是取自算珠所發出之聲。」但理由有些牽強，似乎還是從中文「算盤」的讀音轉訛而來，而後再加上漢字的說法較為可信。

# 3 | 中期的日本和算——喜歡留下題目，等別人來挑戰

《塵劫記》是日本和算史上的代表名著，作者是吉田光由。毛利重能門下有三名高徒，包括今村知商、高原吉種以及吉田光由。吉田光由的外祖父角倉了以，因御朱印船（編按：御朱印船指的是，得到幕府許可的海外貿易許可證，可以進行貿易的商船。日本當時處於鎖國時代，角倉了以得到海外貿易許可後，前往越南等地交易，次數高達 17 次，對當時的經濟很有貢獻）和治水工程而在日本史上名垂青史。慶長 3 年（1598 年），吉田光由生於京都的嵯峨，跟隨毛利重能學習數學，藉著《算法統宗》、《算學啟蒙》等書研究中國算學，融會貫通後參考了當時的日本國情，編著了珍貴且有助於日常生活計算的算術書，於寬永 3 年（1627 年）出版，這本書就是《塵劫記》。

《塵劫記》之名取自於佛經，塵表示極小之數，劫表示極大之數，也就是包含大大小小各種數字的意思。古書上將小數的位數取名為分、厘、毛、系、忽、微、纖、沙、塵、埃、渺、漠……，大的數字單位取名為萬、億、兆、京、垓、秭、劫、澗、正、載、極……。

現今的數學書雖看不到這些名稱，但《塵劫記》的書名由來似乎是出自於此。此外，之前的數學書大多是從中國直接傳入，或者是解說之類的，內容都艱澀難懂，《塵劫記》一問世，立刻廣受士農工商所有階級的喜愛，提倡了學習數學的風氣。

《塵劫記》完完全全是獨創的數學書，內容以實用的計算為主，度量

衡和貨幣、比例，以及利息計算、平方根和立方根的解法、幾何圖形、測量、其他的整數性質、級數問題等，都附上詳細解說，而且有許多有趣的問題，並運用大量插圖，兼顧實用與趣味，使人在不知不覺中領會數學之樂，姑且不論內容適當與否，在使通俗數學概念普及化方面，《塵劫記》是古今少有的名著。

　　江戶時代至明治時代初期，像《塵劫記》這類的書籍多達三百多種，數學滲透到日本全國各個家庭，《塵劫記》也成為日本和算的別名。

## ■ 遺題繼承── 等你來挑戰

　　《塵劫記》多年後的版本中，出現稱為「遺題」的問題，這種問題是不公布解答，只單純提出問題，要求後世的學者解出答案。

　　之後，這種問題在學者之間蔚為一股風潮，解出前一本書的「遺題」的人，要再提出新問題給下一個人解，這稱為「遺題繼承（或承繼）」。

　　解出《塵劫記》遺題的名著中，有一本名為《改算記》（萬治2年，1659年）的書，此書為山田正重所著，共有上、中、下3卷。還有磯村吉德著有《算法闕疑抄》5卷，於寬文元年（1661年）出版，承應2年（1653年）榎並和澄也解出遺題，出版了《參兩錄》上、中、下3卷。

　　這股遺題的風潮引起當時數學家們的興趣，鼓勵了他們的研究精神，一直持續到德川末期；這股風潮刺激了和算的發展與進步。

## ■ 吉田光由── 辦數學補習班教育學生

　　《塵劫記》的作者吉田光由幼時名叫「與七」，後來又稱為「七兵衛」，號久庵。住在京都洛北嵯峨，最初師事毛利重能，學習算學，

之後又追隨角倉素庵學習《算法統宗》。學成後投入熊本城主細川忠利門下，受到禮遇，但之後因眼疾辭官，忠利過世後，他回到嵯峨，開辦數學私塾，教育許多門生。晚年時因眼盲而與家人角倉玄通一起生活，寬文 12 年 11 月 21 日辭世，享年 75 歲。

## ■ 中國的天元術，傳到日本後廣泛研究

日本在此時代從中國傳入天元術，天元術（見右頁註）和毛利重能學派的算盤數學並行，是一種使用紅黑 2 色的算木求未知數的方法，類似現在的方程式，是相當先進的研究。

完全不運用數字或算式，只利用算木解出一次方程式或二次方程式，是中國獨特的算術。吉田光由沒有直接借用中國人的方法，僅憑書籍短期自修，就開創出獨特的新方法，這又是一項偉大的成就。

天元術是 13 世紀中期，在中國興起的一種算術，透過元朝李治等數學家的研究，而廣為流傳，之後過了大約 50 年，隨著元朝朱世傑的《算學啟蒙》（大德 3 年，1299 年）傳到日本。吉田光由的門生久田玄哲、土師道雲等人專心研究此書，於萬治元年（1658 年）寫成了《新編算學啟蒙》3 卷，為《算學啟蒙》的解說版本。

之後，因橫川玄悅及其門生星野實宣、大阪的橋本正數，以及其門生澤口一之等學者深入研究而發展得更為成熟。其中橋本正數及澤口一之完成了《古今算法記》，於寬文 10 年（1670 年）出版，這是第一次由日本人彙整歸納天元術的珍貴書籍。

毛利重能的《割算書》出版之後僅僅半世紀的時光，日本數學就有驚人的發展進步，甚至凌駕發源地的中國數學。

（註）天元術又名「立天元一術」，天元的「元」為「未知數」，相當我們現今的 x。我們在學方程式之時，有 1 個未知數的稱為一元方程式，2 個未知數的稱為二元方程式，一元二次方程式或二元一次方程式中的「元」就是從此而來的。

## ■點竄術──就是「求取未知數」

前面曾提及天元術是運用算木解出方程式的方法，因而可稱為「工具代數學」。天元術可解出簡單的問題，但遇到稍微複雜的問題，就無法以一元方程式求解，因此日本數學家想出利用輔助的未知數，列出聯立方程式來解題。傳統的天元術不便以算木來表示多個未知數，日本數學家想出的方法以文字代替算木來表示未知數，「某物的價格為 x」的話，就以〔│價〕表示，甲的年齡為 y 時就以〔│甲〕表示，完全脫離了工具代數，改以筆算來進行代數計算。日本和算家稱此方法為點竄術。

關於點竄一詞的起源，說法眾多。點竄之名是關孝和的弟子松永良彌奉君主內藤政樹（日向國延岡藩的藩主）之命命名的，據說是從「三國志」中的「多所點竄」而來。點是點名、點檢，表「調查」之意，竄是在穴字頭下加上鼠，表示老鼠藏匿於穴中的意思，點竄也就是「調查出藏匿之數」之意，以現在的用語來詮釋，就是求取未知數，相當於解方程式之意。日本數學從天元術出發，發展出點竄術，這種筆算式數學有別於過去的算木及珠算，顯示日本數學有了長足的發展。

先前曾提及的橋本正數、澤口一之，以及田中由眞、島田尚政等許多和算家紛紛投入研究點竄術，其中最知名的就是關孝和，人稱「算聖」。關孝和是江戶時代代表數學界的偉大學者，其閱歷、事蹟十分精彩豐富。

## ■ 圓理——日本本土的獨特智慧

和算原本是為了解決實用的問題而逐漸發展，後來在和算方面的研究愈來愈進步，再加上天元術、點竄術的加持，和算最後終於成為一門專門的學問。研究和算的著名學者陸續出現，關孝和去世後，經歷了享保年間，到了元文、寶曆、安永之時，關流學派的數學有了高度的發展。其中「圓理綴術」，也就是「圓理」的研究由日本人開創一事，在日本數學史上是值得大書特書的偉大事蹟。

圓理就是研究曲線內的圖形，求圓周長、圓面積、球體面積等與圓的性質相關的研究，若是從今日的微積分學的觀點來看，雖然算不上是什麼重大的成就，但日本人能和牛頓、萊布尼茲（Gottfried Wilhelm Leibniz）一樣，成功的獨立研究，不得不令人驚嘆。

阿基米德以圓內接（或外接）的正方形（或正三角形）為基礎，藉著增加邊數 $2^n$（$n = 1 \cdot 2 \cdot 3 \cdot \cdots\cdots\infty$）倍的方式，成功求得圓周長和圓面積。當時的和算家並不知道這種方法，所以多年來一直無法解決求取曲線的弧長、弓形面積等問題，許多和算家紛紛投入這方面的研究。

關孝和有個得意門生建部賢弘，特別熱衷研究這個問題，最後終於成功藉著點竄術，以直徑長和矢長（參照第 109 ～ 111 頁圓理術）正確求得弧長。他以此為出發點，以獨特的方法研究無窮級數，最後成功得到與阿基米德相同的結論。

## ■ 算額 —— 告訴大家這題我解出來了

江戶時代的日本數學，有兩個西方沒有的獨特習慣，其一是先前提到

的遺題繼承，另一個是算額（算術匾額）。算額是數學家爲了將自己解出的有趣問題流傳後世，或是爲了讓世人了解，將問題寫在酬神木板上，放在許多人聚集的寺廟或神社。江戶時代沒有收音機、電視、報紙、雜誌，交通也不便，訊息很難廣爲傳播，因此算額當然是最好的傳播方式了。

當時的數學家競相藉著遺題繼承和算額發表自己的研究，這對和算的發展確實功不可沒。但明治維新後，不少有名的算額被粗心的人毀損丟棄，眞的很可惜。

# 4 | 「算聖」關孝和，其實是祕密組織的成員

　　前一節概述了日本數學，也就是和算的歷史。關流數學堪稱和算的代表，關流數學是由外號「算聖」的關孝和所創立的，這一節要向各位介紹的就是這位偉人的生平事蹟。

## ■關孝和發現微積分？

　　日本人現在接觸到的數學，都是歐美直接導入的，幾乎已經沒有機會接觸到和算了，因此現在大多數的學生對和算不感興趣，認為和算只不過是拿算盤來計算加或減的簡單算術，但其實要鑽研關流數學，得具備非常高度的數學理論基礎才行。

　　關孝和生於寬永年間，此時正進入德川幕府封建制度的穩定期，也是在文化、經濟方面，社會結構明顯持續進步的時期，因此對數學的需求大增。因緣際會之下，這位數學界的大偉人就在此時出現了。

　　當時在西方，英國的牛頓與德國的萊布尼茲正在互相爭奪微積分的先驅地位。關孝和與這兩人正好處在同一個時代，他們的生卒年份比較如下：

　　牛頓　　　　西元 1642 ～ 1727 年

　　萊布尼茲　　西元 1646 ～ 1716 年

　　關孝和　　　西元 1642 ～ 1708 年

微積分有許多功用，是求出曲線形的面積、曲面體的表面積及體積的有力數學工具。有別於牛頓和萊布尼茲，關孝和完全藉著獨創的研究，創立了「圓理術」。這是一個很偉大的成果，若當時關孝和了解西方的計算方式或擁有西式數學的素養的話，成就應該不比牛頓與萊布尼茲差。我稍後會說明圓理術的內容，在此只想先告訴各位，他為了求取曲線形的面積與體積，在採用極限的概念、運用無窮級數方面，與微積分的概念完全相同，其方法之巧妙甚至凌駕於英國的格理哥利（James Gregory, 1638 ～ 1675）、華里斯（John Wallis, 1616 ～ 1703）之上。

法國人看見牛頓與萊布尼茲爭奪發現微積分的先驅地位，也加入這場戰局，聲稱發現微積分的人既非英國人、也非德國人，而是法國人，因為法國的費馬（見第 11 頁）比牛頓和萊布尼茲更早發現極限理論，奠定微積分的基礎。

假如各國都如此老王賣瓜，日本應該也可以大方宣布微積分的發現者是日本人吧。

## ■ 為什麼偉大？因為發現了圓理術

關孝和小時候名叫新助，字子豹，號自由亭。寬永 19 年（1642 年）生於上野國（群馬縣）藤岡（另有一說是生於寬永 14 年）。本姓內山，父親名為七兵衛永明，母姓湯淺，後來因為成為關五郎左衛門的養子而改姓關。他幼時即天資聰穎，尤其擅長算術，6 ～ 7 歲之時旁觀大人排算木計算時，就曾輕易的指出其中錯誤，而使大人們驚訝不已。

關孝和後來追隨高原吉種學習數學，他傑出的才能漸漸展露光芒，在學業方面，在門生中無人能出其右，他很早便獨自研究想出各種計算方法，後來發現圓理術而震驚世人。關孝和改良來自中國的天元術，另外

創造出「天元演段法」，後來又再加以擴張，發明了名為「歸源整法」的數學，這就是點竄術的起源，類似我們現今所用的代數學。

關孝和發明了「歸源整法」，在算術方面開創了新天地，之後更進一步研究，發現了約術、兩一術、剪管術、整數術、招差術、朵術、綴術、角術、適盡法等各種數學理論，這裡因為篇幅有限，無法詳述這些數學理論的內容，但若以現在的數學來說，大致上就是因數分解法、一次方程式、聯立方程式的解法、不定方程式的整數解法、求得連分數的漸近數的方法、極大極小的問題、無窮級數、測量數、幾何圖形的算法。

雖然關孝和的著作並非全是完整的學術體系，但其研究範圍之廣，方法之巧妙，開拓了全新局面，並且幾乎都是因其獨創的研究而發現，一般人簡直難望項背。言歸正傳，關孝和最偉大的成就，應該就是發現圓理術。

## ■ 沒有西方數學的知識背景，照樣發展出微積分

在幾何學中，很容易就可求得直線構成的圖形的周長及面積，但若是曲線圖形就沒那麼容易了。也就是說，要求各種曲線構成的圖形面積和曲面體的體積及表面積，極為困難。

因此，自古以來求取圓周率和圓弧長、求球體表面積及體積等問題，一直是數學界的重要課題。阿基米德之所以被稱為偉大的天才，就是因為他成功發現求取圓周率的新方法；而牛頓與萊布尼茲的微積分，會被稱為數學上的大發現，也是因為微積分能解決曲線和曲面體的問題。

中國古時候便有學者研究圓及球體，日本也是自和算初期起，就有許多人專心研究這類問題。澤口一之很早便運用了「圓理」一詞，但還是沒有人發現其中的正確答案。

但關孝和熱衷研究這些難題，他獨自鑽研，巧妙利用極限法的概念，

成功求得圓周率；不僅如此，他還利用無窮級數，找出方法求取圓弧長的
近似值，甚至更進一步發現類似微積分的數學理
論。

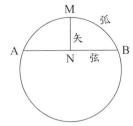

　　如右圖所示，從 AB 弧的中點 M 到 AB 弦的
距離 MN 稱為「矢」，只要得知弧、矢、弦中任
兩個值，就能求得另一值，這種方法稱為「弧矢
弦法」。

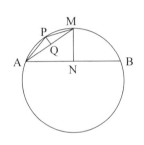

　　假設 AB 弦為 20cm，MN 矢為 2cm，試著求取
AB 弧的長，或假設 AB 弧為 20cm，MN 矢為 3cm，
試著找出 AB 弦的長。遇到這種問題時，你會發現
這在初等幾何學上相當困難。

　　過去和算家一直無法解出透過矢和弦，正確求出圓弧長（或弓形面
積）的方法，關孝和最初採用與阿基米德相同的概念，先將 AB 弧以中點
M 分為 2 等分，求出 AM、MB 弦的長，接著再將 2 段弧分為 2 等分，作
4 段內接折線，重複同樣的方式，依序作出 8、16、32、64 個內接折線，
求出這些折線的極限值的話，就可解出圓弧長。若以現在的符號表示關流
數學，弧長為 a，矢為 h，直徑為 d，就可導出結果：

$$a^2 = 4dh\left[1 + \frac{2^2 h}{3 \cdot 4d} + \frac{2^2 \cdot 4^2}{3 \cdot 4 \cdot 5 \cdot 6}\left(\frac{h}{d}\right)^2 + \frac{2^2 \cdot 4^2 \cdot 6^2}{3 \cdot 4 \cdot 5 \cdot 6 \cdot 7 \cdot 8}\left(\frac{h}{d}\right)^3 + \cdots\cdots\right]$$

　　這僅是其中一例，關孝和沒有西方數學的知識背景，憑自己獨創的方
法，運用無窮級數，甚至發展至微積分領域，其聰明才智實在令人讚嘆。

## ■ 數學家是祕密組織

　　關流數學的領域涵蓋整個和算，其研究相當高度且廣泛，僅是描述其梗概便需大量篇幅，本書僅能略述。而如此蓬勃發展的和算，為何會自明治維新、西方數學傳來之後，就立即銷聲匿跡呢？其中有許多原委，但原因之一在於，和算家都是祕密結社主義，學問是絕不能公開的。

　　古希臘的畢達哥拉斯學派就是祕密結社，門下的學員絕不能將畢達哥拉斯傳授的知識透露給外人，弟子發現定理、定則等學術成就，不得以自己之名發表，都要以畢達哥拉斯之名發表。

　　關流數學也如出一轍，許多門生都是依其學習單元授與證明，學習稍進步者給予「見題證明」，接著是「引題證明」，再上一級是「伏題證明」，得到 3 份證書後，就能成為優異的數學家，但要相當努力才能達到目標。得到證書的人更上一層學習，就能得到高階證書「別傳證明」、「印可證明」，得到上述 5 個階段證書的人，會得到「傳授祕訣」之位，可被傳授深奧祕訣。此祕訣規定僅能傳授一子及門生兩人，絕不能傳授他人。

　　現在的數學，參考書、解答隨處可見，關流數學則全然不同，高等的數學幾乎都是手抄本，並直接傳授弟子。正因為如此，和算很難在大眾之間廣為流傳。明治維新之後，新式的西方數學大量傳入，而且也不藏私，無數的參考書陸陸續續出版，和算因而很快的銷聲匿跡。

　　關孝和的門生曾多達數百人，其中出現了荒木村英、建部賢弘、松永良弼、山路主佳、安島直圓、日下誠、內田五觀等許多偉大的數學家，關流數學在整個德川時代達到穩健的進步及發展。現在日本學者開始重視先人的研究，掀起了一波用西方數學概念重新探究和算精髓的潮流，真是一件令人高興的事。

## 附　記

　　關孝和生於德川幕府第四代將軍家綱的時代，他在江戶任勘定吟味役（業務性質類似稽核、監察），後來又出任納戶組頭一職，領有 300 石的俸祿，此職務相當於今日掌管會計之職，可以說是幕府的會計主管。

　　他一邊擔任幕府官職，一邊教育許多門生，奉獻一生於研究，於寶永 5 年（1708 年）10 月因病辭世，享年 67 歲。他的墓碑在東京牛込弁天町的淨輪寺，法號是「法行院殿宗達日心大居士」。

　　關孝和由於膝下無子，因此收養其兄的兒子新七為養子，但不幸這個孩子缺乏才能且品行不良，於享保 9 年被調離江戶，在甲府任職，享保 12 年時更被沒收家產，關家遂與其斷絕關係。關流數學因建部賢弘等其他得意門生而得以流傳後世。

# 5 | 自闢蹊徑的後期和算——
靠獄卒發揚光大

　　毛利重能的《割算書》、吉田光由的《塵劫記》問世之後，珠算除法全都稱為「八算見一」，以除法的九歸口訣「二一添作五」、「從三一三十一、三二六十二……到逢九進一」進行計算。

　　這種方法在江戶時代及明治、大正時代被廣泛使用，除法除此之外，還有名為商除法（別名龜井算）的方法，與我們筆算方法相同，先選定商，然後運用九九乘法計算。由於可以免去背誦九歸口訣的麻煩，因而現在都演變為只用龜井算，「八算見一」幾乎消失蹤影了。

　　關於龜井算的創始者，眾說紛紜。有人認為是寬永 7 年（1630 年），百川治兵衛被流放到佐渡之時，將此術傳至新潟地方。也有人說是明曆元年（1655 年）因百川忠兵衛所寫的《新編諸算記》而將此術推廣給大眾。現在要驗證傳言之真偽已經不容易，不過，創始者為百川治兵衛或百川忠兵衛幾乎是千真萬確。至於龜井算之名的由來，在新潟地方有如下的一段傳說。

## ■ 煽動米價暴漲被抓，反而讓龜井算流傳

　　距今約三百多年前，大阪有一位名為百川一算的珠算老師，他在堂島開設私塾，教許多學生珠算。那時同在堂島，有一家大型米糧批發店，米店老闆十分喜愛珠算，因而成為一算的得意門生。但是不知什麼原因，米價突然下跌，米店老闆大量購入的米糧因而損失慘重。大富豪面臨破產的

消息，馬上成為城裡的話題，大家口耳相傳，米店反而更加陷入困境。

聽到這件事的百川一算十分吃驚，思考種種方法以解除弟子的困境。他暗中想了個妙計，對米店老闆說：「我想到了個重振經濟的方法，你準備 300 兩左右給我。」他收下米店老闆的錢後就消失得無影無蹤。半個月、一個月之後，一算仍舊沒回來。一直等待的米店老闆漸漸擔心借出去的 300 兩有去無回，開始焦慮不安。

大概又過了一個月，發生了一件不可思議的事。大阪到處湧現可憐的流浪漢，異口同聲的說：「東北地方發生大饑荒，騷動不已。大阪一定馬上也會發生饑荒的。」古時候沒有收音機、電視，也沒有報紙、車輛，傳播當然就只能靠口耳相傳，這個謠言立刻傳遍整個大阪，大家擔心會餓死因而人心惶惶，價格最先上漲的就是米價，因此米店老闆立刻轉虧為盈，賺取的財富甚至是原來的 2 ～ 3 倍。

這當然是百川一算想出來的妙計，他帶著 300 兩資金，召集流浪漢，要他們散布謠言。後來這個祕密敗露，被人一狀告到官府，一算因此被流放至佐渡島（編按：今日本新潟縣佐渡市）。

## ■獄卒龜井陰錯陽差學會百川算

平時風平浪靜的佐渡島海面，在百川一算抵達新潟之時，突然波濤洶湧，船隻因而無法出海，因此一算留宿於港邊的小鎮，等待海面平靜。

在旅館負責看守一算的，是一位名叫龜井律平的地方衙門低階官吏，此人是佐渡出身，為人和善，對待身為犯人的一算十分親切。

有趣的是，這位龜井律平從年少時代起便喜歡撥算盤，一有空就會拿起來撥。看見這等光景的一算心想：「這人算盤打得不錯。我今後將流放到佐渡，若發生意外，我長年苦心研究的珠算除法也將永遠消失，我應該

要想辦法將它遺留後世。」於是趁著其他看守人不在時，他把算盤撥得正起勁的龜井律平叫到身邊，將稱為百川算的方便算法傾囊相授，最後又跟龜井律平交代：「你不好對上級說是跟被流放的犯人學的，萬一被怪罪，反而會給你添麻煩，就說是自己研究出來的好了。」

　　後來律平教導許多人珠算除法，他想將此算法取名為百川，但又礙於官府勢力，因而無法將百川的名字公開發表。但之後還是冠上了百川之名，稱為百川龜井算，以感念百川一算的恩德。

# 6 ｜ 其實，和算難在文字，而不是數字

　　要研究和算，遠藤利貞的《大日本數學史》、林鶴一博士的《和算研究集錄》等，還有三上義夫、小倉金之助、藤原松三郎、平山諦等大師的著作都有詳細的調查研究，每一本都是大部頭著作，這本區區小書實在無法詳盡介紹，有興趣的讀者可以他日進一步研究。

　　《大日本數學史》作者遠藤利貞從明治 10 年左右就著手研究，耗費十多年歲月終於完稿，明治 29 年在富豪三井八右衛門的協助下出版。作者死後，在帝國學士院長菊池大麓博士的指揮下，又再整理、增補遺稿，是本多達八百多頁的大著作，後來改名為《增修日本數學史》出版，對和算研究者來說，是無可取代的絕佳參考書。此外，林鶴一博士的遺稿《和算研究集錄》為上、下兩卷，多達兩千多頁的大作，他以現代數學的角度解釋和算的研究事項，對於此門學問的研究者來說，是很好的指南書。

　　江戶時代沒有所謂的西洋數學，無法使用 xyz、＋－＝、數字 123，都是以難懂的漢字文句敘述，他們到底要如何研究困難的數學呢？接下來將從上述的和算研究書中，擷取 2、3 個問題，讓讀者體會當時數學家的辛苦：看懂句子竟然比運算本身還難！

## ■ 和算中也有畢氏定理

　　許多和算家很早便熟悉畢達哥拉斯定理，解說方式各有不同，其中

大多以圖解方式解說。下圖就是其中的幾個例子。至於該如何以文章說明呢？在今村知商的《堅亥錄》中有如下的說明：

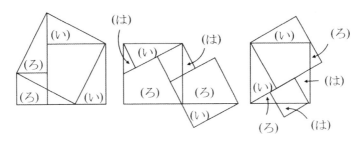

（註）日文五十音中的い、ろ、は也用於標示項目，如中文的ㄅ、ㄆ、ㄇ。

「以鉤之尺數，自因乘而得步數，又以股之尺數，自因乘而得步數，右鉤股之數併，合而為實，用開平之式，則得尺數，是弦也。」

這段古文說明艱澀難懂，若以稍微白話的方式說明的話：「以鉤之尺數，自乘則得步數，又以股之尺數自乘得步數，右鉤與股之步數併和則為實，用開平之式而得尺數，此為弦。」但仍舊不夠淺顯易懂，再進一步簡單說明，就是指弦為直角三角形之斜邊，勾與股為直角之兩邊，自因乘為平方之意，現在有些書籍仍舊以自乘表示平方。而「實用開平之式」就是表開平方，「步數」是面積的意思，因此以上的說明即表示：

$$\sqrt{鉤^2 + 股^2} = 弦$$

由此可見日本古時候的數學，在記敘方面極為困難，而且由於文章艱澀難懂，難怪阻礙了數學的進步發展。在此順便舉個以當時的點竄術解聯立一次方程式的例子（改寫為現代文）。

上米 2 石 4 斗，與下米 3 石之價共 4 兩。但每 1 兩下米可比上米多買 3 斗，金 1 兩可買多少上米？

此問題的解法如下：

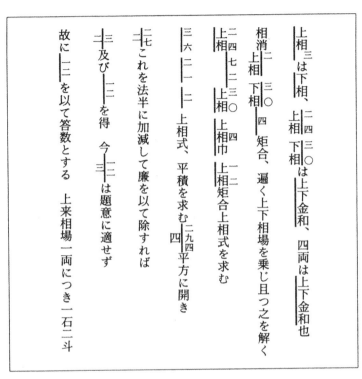

根據當時的書籍，「甲的 3 倍」是以 甲三 表示，乙／甲 或是 甲乙和 表示的是甲乙之和，甲／乙 或 甲乙差 表示甲乙之差，甲乙 表甲乙之積，乙｜甲 表甲乙之商，矩和表示 0，平積表示判別式，幅表示乘方。

因此，在前面的文章中，上相 就是表示上米每 1 兩是 $x$ 斗，下相 就是表示下米每 1 兩是 $y$ 斗，根據第一行的敘述，其義爲：

$$x + 3 = y，\frac{24}{x} + \frac{30}{y} - 4 = 0$$

將 $y = x + 3$ 代入第 2 個方程式，並除去分母後就成爲：

$$24x + 72 + 30x - 4x^2 - 12x = 0 \cdots\cdots\cdots ①$$

此方程式相當於文章內的第 3 行。

第 4 行的 $\begin{vmatrix} 三 \\ 六 \end{vmatrix} \begin{vmatrix} 二 \\ 一 \end{vmatrix} \begin{vmatrix} \\ 二 \end{vmatrix}$ 等於將以上的①整理後的方程式：

$$36 + 21x - 2x^2 = 0$$

而平積等於現代數學中的判別式，因此

$$\frac{21^2 + 8 \times 36}{4} = \frac{729}{4} \text{ 等於 } \sqrt{\frac{729}{4}} = \frac{27}{2}$$

從上列方程式求 $x$ 值，

$$x = \frac{21 + 27}{4} = 12$$

文章第 5、6 行有段敘述：「加減法半，以廉除，即得 $\begin{vmatrix} 二 \\ \end{vmatrix} 三$ 及 $\begin{vmatrix} \\ 二 \end{vmatrix}$」。

法爲 $x$ 的係數，廉爲 $x^2$ 之係數，也就是說法半等於 $x$ 係數之一半 $\frac{21}{2}$，因此 $\frac{21}{2} \pm \frac{27}{2}$ 以 $x^2$ 的係數 2 除之後，得到負根 $\frac{3}{2}$ 及正根 12。

　　由此可知，現代的方程式與點竄術完全如出一轍，但點竄術不如西方數學簡便，想到當時的學者以極爲不便的符號及文字研究高等數學，其辛苦的程度令人感慨萬千。

# 第三章

# 數學史：
## 許多人變聰明的故事

- 時間的觀念怎麼開始的？
- 會除法居然就能號稱天下第一！
- 什麼是藥師算？
- 輸棋反而造就了意外的數學大師……

# 1 | 人們怎麼開始計算時間的？

　　日本每年的 6 月 10 日是「時間紀念日」，這一天會舉辦與時間相關的各種演講，舉行儀式以表揚與時間相關的團體或個人。關於時間的計算、時刻的訂定，自古至今產生了許多變遷。

　　具歷史記載，日本最早訂定時刻制度，是在天智天皇還是皇太子的時候，齊明天皇 671 年 4 月丁卯，換算成現在的日曆是 6 月 10 日，皇太子仿效中國的水鐘，自己做了個刻漏，敲響鐘用以報時，因而訂定這一天為「時間紀念日」。

## ■ 古老的時鐘，是用水輔助計時

　　時鐘的歷史十分久遠，傳說在距今三千多年前，中國便開始使用水鐘了。水鐘有許多形式，有在壺中注入水，底部鑿一小孔，水不斷的定量漏出，以漏出的水量來計時；或者是採用相反的方式，依水流入容器的量來計時。從前印度是在金盆底部鑿一小孔，使其浮在水面上，水不斷從小孔湧入金盆，直到盆子再也負荷不了重量而沉入水中，印度人會預先在盆上加裝繩子，以方便撈起盆子，據說印度便是以盆子的浮沉來計時的。

## ■ 最精密的鐘，50 年的誤差只有 1 秒

　　現在百貨公司販賣的沙漏也是模仿古代的鐘，用細沙取代水，以沙漏

出的份量來計時，這常用於測量短暫的時間，例如測量體溫的時間、煮蛋的時間、長途電話的時間等。此外還有日晷（在地面立一根杆子，測量杆影）、火鐘（點燃蠟燭或線香計時）等。有禪修習慣的人坐禪時，也會點一炷香，用來計算自己靜坐的時間。

　　7 世紀時，義大利人發明了最早運用機械的鐘（編按：應該是中國在 8 世紀初就出現機械原理的天文鐘──渾天銅儀，14 世紀時義大利人發明了機械鐘）。後來自從 16 世紀初義大利的大學者伽利略發現鐘擺的等時性之後，計時的機器便陸續登場，17 世紀時荷蘭的惠更斯（Christiaan Huygens, 1629 ～ 1695）創造了單擺時鐘，英國的胡克（Robert Hooke, 1635 ～ 1703）發明錨型擒縱機（編按：機械學中，是指僅允許向一個方向作間歇運動的裝置），同是英國人的哈里森（John Harrison, 1693 ～ 1776）發明了航海鐘等等，都展現了長足的進步。

　　進入 19 世紀後，出現了不需依靠鐘擺，而利用石英或氨分子振動的石英鐘、原子鐘。石英鐘是將石英晶體的振動，轉換為電力振動，以馬達帶動鐘面的指針，據說現在世界上最精密的石英鐘，50 年的誤差僅有 1 秒。原子鐘利用的是氨分子振動的周波數，不會隨壓力及溫度而改變的特殊性質，因此即使石英鐘會產生極小的誤差，也可利用氨分子振動的穩定性，加裝自動修正裝置，所以才會誕生先前提及的 50 年誤差只有 1 秒的精密鐘錶。

## ■ 平均太陽日

　　地球自轉 1 周訂為 1 天，月球繞地球轉 1 周為 1 個月，地球繞太陽公轉 1 周為 1 年，這是大家都知道的，那麼 1 天的長短是以什麼來界定的呢？

　　以地球為中心來看，太陽每天早上從東方升起，傍晚從西方落下，

正午位在天頂，此時太陽看起來像在正南方的天空（此稱為南中），太陽南中之後，距隔天再度南中的時間會因季節而改變，也就是夏長冬短。因此將此差距平均計算，1 年的平均時間在專有名詞上稱為「平均太陽日」，時間較 24 小時稍長。進一步詳細說明的話，1 年不是 365 天，而是 365.2422 天，也就是 365 天又 5 小時 48 分 46 秒多。由於每年皆有多出來的時間，因此有平年、閏年之別。

## ■ 正午，時鐘敲九下

　　先前曾提及古人最早會依刻漏來敲鐘，其方法如下：午夜 0 時敲 9 下鐘，凌晨 2 時（換算成現今的時間）敲 8 下，清晨 4 時敲 7 下，早上 6 時敲 6 下，8 時敲 5 下，10 時敲 4 下，正午就敲 9 下，下午 2 時敲 8 下，下午 4 時敲 7 下，6 時敲 6 下，8 時敲 5 下，10 時敲 4 下，午夜 0 時再度敲 9 下。依季節不同，日出日落的時間也會有異，而曆法也因時代更迭而數度改變，所以時刻的訂定及敲鐘的方式當然也就屢屢變換。

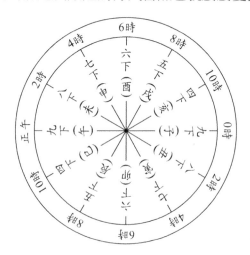

　　現在小孩的點心時間仍舊叫「oyatsu」（日文 8 的意思），這是下午 2 點（敲 8 下鐘）的意思，精確一點說的話，冬至時是下午 2 點前，夏至時是近 3 點。古老故事中常出現的「天亮敲 6 下之時」、「天黑敲 6 下之時」，就是表示早上 6 點和晚上 6 點。現在 1 天是 24 小時，古時候是將 1 天分爲 12 等分，$12 = 2 \times 6$，因此稱 1 天爲二六時。現在將不眠不休工作 24 小時，或徹底考慮 24 小時等句子寫入文章的話，就會寫成二六時中完全無休，有人認爲這是四六時的誤植，但從古時候的時刻來說，其實並沒有錯。

　　順帶一提，敲鐘的方式由 9 至 4 下，那麼爲何沒有敲 3、2、1 下呢？這是因爲古時候將「一個時辰」分爲 4 等分，一個時辰內鐘會敲 1、2、3 下。再詳細一點說明的話，現在的 2 個小時，也就是 120 分鐘，等於古時候的一個時辰，所以 30 分時敲 1 下，60 分敲 2 下，90 分敲 3 下。

## ■十二地支與時刻

　　古時候的書籍上記載著子時、寅時等，這是以十二地支的子、丑、寅、卯、辰、巳、午、未、申、酉、戌、亥來表示時刻，

　　午夜 0 時鐘敲 9 下之時爲子時，

　　午夜 2 時鐘敲 8 下之時爲丑時，

　　午夜 4 時鐘敲 7 下之時爲寅時……，

　　依序爲 12 個時辰命名。現在我們所謂的正午就是中午 12 點，相當於午時，而午前、午後的午字，就是源起於古時的時辰說法。

# 2 ｜ 手指不只能算加、減法，還可以算乘、除

古人運用手腳的指頭計算，是極為自然平常的方法。在斯堪地那維亞半島及敘利亞，至今仍舊普遍用手指代替計算工具，靈巧的計算日常數學。下面敘述的為指算方法之一。

## ■ 用手指算乘法

因為一隻手有 5 根手指，因而所有的數目都是以 5 為單位計算，5 以上的數字就認為複雜難解。就如同我們背誦九九乘法時會背到九九八十一，但面對 $23 \times 35$ 或 $86 \times 75$ 這類的問題時，不用乘法運算就答不出來是一樣的道理，他們知道九九乘法的一一得一到五五二十五，但遇到 $6 \times 8$ 或 $7 \times 9$ 時，都要另外想辦法計算，而他們的辦法就是運用手指（見下方圖）。

左手
8

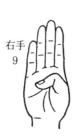

右手
9

例如：$8 \times 9 = 72$，就如左圖般左手比 8，右手比 9，左手伸出的手指是 3 根，右手伸出 4 根，加起來是 7 根手指，1 根手指當作是 10，總共是 70，而左手彎曲的手指是 2 根，右手是 1 根，$2 \times 1 = 2$，加起來就是 72。

而右頁的圖表示的是 $6 \times 7 = 42$ 的計算方式，左手伸出 1 指，右手伸出 2 指，總計是 3 指，代表 30，彎曲的 4 指及 3 指等於 $3 \times 4 = 12$，而

30 + 12 = 42。

　　這樣的計算方式也能因思考模式不同而
演變為不同的數學問題。例如 7 × 8 = 56，
可以演算為 7 = 5 + 2，8 = 5 + 3，所以 7 ×
8 =（5 + 2）（5 + 3），也就是 $5^2$ + 5（3 + 2
）+ 2 × 3 = 25 + 25 + 6 = 56，而 8 × 9 為（5
+ 3）（5 + 4）= $5^2$ + 5（3 + 4）+ 3 × 4 = 25 +
35 + 12 = 60 + 12 = 72。

左手　6　　　右手　7

## ■ 俄式乘法

　　在此順便介紹一個以特殊方式運算乘法的地區，這是以前在高加索、
舊蘇聯等地的居民所進行的運算方式，例如：32 × 13，他們是以

$$32 \times 13$$
$$16 \times 26$$
$$8 \ \times 52$$
$$4 \ \times 104$$
$$2 \ \times 208$$
$$1 \ \times 416$$

的演算方式，解出 32 × 13 = 416。這地方的人只知道以 2 去乘及除，因
此 A × B 就以 $\dfrac{A}{2} \times 2B = AB$ 的方式來運算，這是極為自然的方式。在上面的
計算過程中，以 32 ÷ 2 = 16 和 13 × 2 = 26 相乘，16 × 26 = 32 × 13，再以
16 ÷ 2 = 8 和 26 × 2 = 52 相乘，再變成 8 ÷ 2 = 4 乘 52 × 2 = 104，4 ÷ 2 =
2 乘 104 × 2 = 208，無論如何 32 × 13 的結果都沒變。

但如果一邊的數字一直能以 2 整除的話還好，若無法整除時，該怎麼辦呢？他們會以下列方式解決這個問題。例如 48 × 13，2 能整除的部分可以不用在意，如左圖在第 5 步驟，2 無法整除 3 時，商數就寫 1，將右邊的

| 48 × 13 | 28 | 85 |
|---------|-----|------|
| 24 × 26 | 14 | 170 |
| 12 × 52 | 7 | 340 |
| 6 × 104 | 3 | 680 |
| 3 × 208 | 1 | 1360 |
| 1 × 416 | | 2380 |
| 624 | | 28 × 85 = 2380 |

208 與 416 相加即可。

而 28 × 85 的計算過程中，也是將 340、680、1360 相加即可。

但是自古以來，除法似乎一直被視爲是困難的問題，在埃及、羅馬、希臘，加法、減法、乘法很早就爲大眾所熟知，但除法的運算方式卻一直未被發現。即使是在代數計算發展久遠的印度，也是長期以累減法代替除法。所謂的累減法，就是當要計算 20÷5 時：

第 1 次　20 － 5 ＝ 15
第 2 次　15 － 5 ＝ 10
第 3 次　10 － 5 ＝ 5
第 4 次　5 － 5 ＝ 0

要經歷 4 次運算才知道 20÷5 ＝ 4。30÷7 的話，減去 4 次 7 還餘 2，因而知道 30 ÷ 7 ＝ 4 餘 2。

## ■ 會除法就號稱天下第一的毛利重能

算盤傳至日本之時，許多人早已知道加法、減法、乘法的運算方式

了，但一般人認為，除法必須是相當高級的算師才能駕馭的技能。當時所謂的算師，是以算盤計算為職業的人，大多數充其量不過是靠計算維生，並非是數學研究者。

關於這一點，曾經發生過下面這一段故事：

在第二章曾提及，古時候曾有一位池田輝政的家臣，名為毛利重能，後來以算師的身分服事於豐臣秀吉，他曾遠赴中國（明朝時）學習算學，但當時他身分卑微，毫無一官半職，因而被誤以為是一般市井的算師，在中國備受歧視，因未能如願學習數學而返回日本，他向豐臣秀吉報告此事，因此秀吉授予他出羽守這個官位後，再遣他去中國學習數學，但正巧朝鮮戰役興起，日本和明朝的邦誼吃緊，因而未能如願，半途折返日本。

不過，當時毛利重能帶回了中國最著名的數學書《算法統宗》（程大位著），但豐臣秀吉在朝鮮之戰時去世，不久大阪城被德川家康攻陷，毛利重能便定居於京都二條京極一帶，設立私塾，高掛「天下一割算指南所」的匾額。

現在的小學生都很熟悉除法，但當時人們認為以算盤演算除法，是大學者才會的高級算術，因此「天下一」的招牌吸引許多門生從各地湧來。

其門生當中，出現了吉田光由、今村知商、高原吉種三位和算大家。吉田光由是名著《塵劫記》的作者。高原吉種的門下培育出被稱為和算之神的關孝和，後來更出現了在和算史上留下傑出成就的荒木村英、磯村吉德、內藤政樹等大學者。因此毛利重能可說是居功甚偉，但很可惜的，他一生的事蹟幾乎沒有流傳下來。傳說他晚年曾到江戶指導學生，但不知在江戶何處開設私塾。

# 3 │ 數學快問快答，想答對得多思考

現在是速食年代，什麼事都流行迅速解決，速食紅豆湯、速食便當之類的即食料理大為風行，不僅是吃的方面，還有快速成衣、速製家具等等，到處都是立即迅速解決的風氣。

因此，據說也有學生在準備數學或英語考試時，不打算扎實苦讀，反而積極尋求速成的捷徑。學問是沒辦法一蹴可幾的，在此介紹幾個以數學理論為基礎的快問快答數學題，其實更需要嫻熟的思考練習。

## ■ 骰子問答

骰子的正反兩面有 1 和 6、2 和 5、3 和 4，正反加起來的和都是 7，以此條件為基礎，試回答以下問題。

A 和 B 兩人對話：

A：「搖 2 個骰子，一個搖出來的正面，與另一個的搖出反面，其和是多少？」

B：「10。」（假設 B 如此回答）。

A：「那麼 2 個反面的和是多少？」

B：「9。」（假設 B 如此回答）。

此時，A 拿出一張紙條，紙條上寫著：

甲：$\dfrac{21-()}{2}$　乙：$\dfrac{7+()}{2}$

他將 B 所回答的 10 和 9 的和 19 填入甲的（ ）中，若甲：$\frac{21-19}{2}=1$的話，其中一個骰子搖出來的結果是 1，接著在乙：$\frac{7+(\ )}{2}$ 的（ ）中填入 B 回答的 10 和 9 的差 1，結果為 4，這就是另一個骰子的結果，B 的答案完全正確。

【解說】假設骰子甲的正面為 $x$，乙的正面為 $y$，那麼甲的反面就是 $7-x$，甲的反面與乙的正面和若是 10 的話：

$(7-x)+y=10$ ……⑴

而甲的反面與乙的反面和為 9 的話：

$(7-x)+(7-y)=9$ ……⑵

為了解聯立方程式⑴和⑵，將⑴及⑵相加，$+y$ 和 $-y$ 即可相消，得 $21-2x=19$，就可解出 $\frac{21-19}{2}=1$，這是連國中生都可輕易解出的問題。

另外為了解出 $y$ 的值，以⑴減去⑵，$(7-x)$ 即可消去，剩下 $y-(7-y)=10-9$，得到 $2y-7=1$，也就是 $y=\frac{7+1}{2}$，$y=4$，因此骰子乙的正面為 4。

假設甲的反面與乙的正面和為 6，雙方的反面和為 9，那麼可以解出甲 $\frac{21-(6+9)}{2}=\frac{21-15}{2}=3$ 乙 $\frac{7+(6-9)}{2}=\frac{7+(-3)}{2}=\frac{7-3}{2}=2$ 答案就是 3 及 2。

【注意】求乙的值時，不可將 6－9 改為 9－6，也就是說

$(7-x)+y=A$ ……⑴

$(7-x)+(7-y)=B$ ……⑵

從以上方程式得到 $x=\frac{21-(A+B)}{2}$，$y=\frac{7+(A-B)}{2}$，不可誤算為 $y=\frac{7+(B-A)}{2}$，運算時要特別留意 $A-B$ 不可寫成 $B-A$。

## ■ 藥師算：頭腦體操

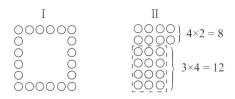

　　將棋子如上圖Ⅰ排列成正方形，然後保留1邊（圖例中1邊是6個），其他3邊打散再如圖Ⅱ排列的話，會有多餘的棋子（此圖中是多出2個）。藥師算就是以餘數來猜全部棋子數目的算法。

　　多出來的棋子為2個，因此棋子的總數為 $4 \times (2) + 12 = 8 + 12 = 20$

　　應用這個例子，來回答下列問題。

　　A問：「排出1邊有數個棋子的正方形，保留1邊，將其他3邊打散，按照剩下的1邊排成3排棋子的話，會多出幾顆棋子？」

　　B回答：「多出4個。」

　　此時A拿出上面寫著 $4 \times (\ ) + 12$ 的紙條，B回答剩下4個，因此在括弧中填入4，立即得出棋子的總數為為 $4 \times (4) + 12 = 28$。若B答多出15個棋子的話，在括弧中代入15，就成了 $4 \times (15) + 12 = 72$。若多出100顆的話，就是 $4 \times (100) + 12 = 412$ 了，完全正確無誤。

　　【解說】比如說，如下圖所示，1邊為8個棋子的話，四個角的棋子都被算進直邊和橫邊，所以棋子的總數比 $8 \times 4$ 少4顆。再如圖Ⅱ重新排列後，最後1排永遠會少4顆，因此 $3 \times 4 = 12$ 是固定的。

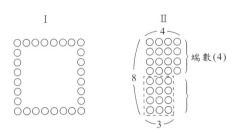

如上圖所示，若多出 4 顆棋子，4×(4) = 16，再加上之前的 12，16 + 12 = 28。若是多出 7 顆，棋子總數就是 4×(7) + 12 = 40。若多出 50 顆，可即刻答出棋子的總數為 4×(50) + 12 = 212（1 邊的數目最好大於 4）。

## ■ 變形藥師算

上述的算法不僅限於正方形，三角形、五邊形、六邊形都可應用。只是方程式不是如先前的 $4x + 12$。

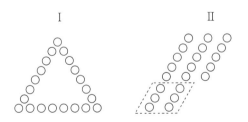

如圖 I 所示，排出一個三角形（圖 I 是 1 邊 8 顆棋子），三個頂點的棋子都被數了 2 次，因此重新排列如圖 II 時，最後 1 列一定會少 3 顆棋子，所以 3 × 2 = 6 是固定的數目。上述例題的餘數為 5，因此棋子的總數是 3×(5)=15 加上 6，其和為 15 + 6 = 21。若餘數為 10 的話，棋子的總數為 3 × (10) + 6 = 36，而餘數為 50 的話，可立即算出棋子總數為 3 × (50) + 6 = 156，因此面對這樣的問題，只要記住 3 × ( ) + 6 即可（1 邊的數目最

好大於 3）。

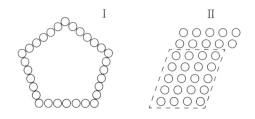

五邊形五個頂點的棋子被重複數進，因此重排成如圖 II 時，最後一列一定會少掉 5 顆棋子，5 × 4 = 20 顆棋子固定不變，所以餘數如果為 2，5 × ( 2 )=10 加上 20，答案為 30。因此這類問題若為五邊形時，假設餘數為 a，棋子總數就為 5 × ( a ) + 20。例如：a = 10 時，總數就是 5 × ( 10 ) + 20 = 70，a = 80 時，答案就是 5×( 80 ) + 20 = 420（1 邊的數目最好大於 5）。

與此同理，將棋子排成的六邊形如上圖重新排列的話，最後 1 列會多出 3 顆棋子，那麼棋子總數為多少？

【答】最後 1 列一定會缺 6 個，因此 6 × 5 是固定不變的數目，而餘數為 3，棋子總數為 6 × ( 3 ) + 30 = 48，此問題的公式就是 6 × ( a ) + 30。

## ■藥師算名稱的由來與 12 有關

在日本和算書中，上述的數學問題都稱為藥師算，這名稱起源於第 1 個例子的正方形中 4 × 3 = 12 這個數字。

在和算盛行的江戶時代，佛教十分興盛，尤其是一般民眾，大多信仰觀音、弘法大師、藥師佛等。而藥師佛就是藥師如來，是專掌醫藥、治病

的神明，又稱大醫王佛，此佛曾發十二大願，率 12 名弟子，往 12 個方向普渡眾生，由於與 12 這個數字息息相關，因此據說自古以來 12 即代表藥師佛，33 代表觀音菩薩，21 代表弘法大師，藥師算的名稱即是從數字 12 而來的。

# 4 ｜ 必定狂風暴雨的二百十日，誰發現的？

　　二百十日這一天不僅是農家的大凶日，也是每年飽受颱風災害的日本國民關心的日子。眾所皆知，二百十日剛好是以立春爲起算日的第210天，但這一天是誰發現的？又是何時載於日本曆法中的呢？其實很多人都不清楚，眞讓人意外。

## ■ 江戶幕府時，曆法中才有二百十日

　　話說二百十日這個日子最早出現在曆法中，是在距今大約270年前德川四代將軍家綱之時。正值此時，出現一位名爲澀川春海的人，此人精通天文曆法，曾任德川幕府的首任天文官（天文方）。他原本名爲保井算哲，但因爲其祖先爲河內國澀川郡的領主，因而改姓爲澀川。

## ■ 輸棋輸到改姓

　　保井算哲之父爲圍棋名人，擔任德川幕府圍棋手，算哲繼承了父親的衣鉢，也擔任圍棋手。

　　當時，江戶出現一位名爲本因坊道策的圍棋名人，據說全日本無人敢與其對奕，至今圍棋名人都稱爲本因坊（編按：道策是四代本因坊，是第一個聞名全國的棋手。創立本因坊與日本職業棋士體制的是本因坊算砂，

原來是個和尚。至於名震天下的本因坊秀策，是十四代秀和的弟子，根本沒成為掌門人就英年早逝了）。

保井算哲也是圍棋名人，某天與本因坊對奕，但連續 2 回合都敗陣，對算哲來說，這實在有損幕府圍棋手的身份，因此發憤圖強熱心研究圍棋，希望有朝一日能雪恥，終於在寬文 10 年 10 月 17 日展開決定勝負的關鍵棋賽。

中國名詩人陸象山（陸九淵）也是圍棋高手，他沉迷於學習圍棋之時，曾將棋盤置於房中，兩天兩夜一直靜觀盤面後，心境豁然開朗，當下領悟奕理，即為「河圖之數」，河圖之數就是 9，陸象山藉著河圖之數的領悟，研究出圍棋的奧義，成為全國的圍棋名人。而算哲也應用天文之理，藉著第一棋下在棋盤正中央，揭開廝殺對陣的序幕（編按：通常圍棋第一手都是從邊邊角角開始進攻布陣，第一手就下在中央的手法稱為天元戰法）。

天下名人本因坊和幕府圍棋手保井算哲兩雄的龍虎之爭，使得整個江戶城喧騰不已，在眾人圍觀下兩人展開了激烈對奕，雙方勢均力敵，難分軒輊，但是第 3 回合決戰時，算哲以 9 目之差敗陣，令人惋惜（天元戰法也從此一蹶不振，一直到現代的棋弈高手吳清源才重振）。

算哲的復仇戰潰敗，心情抑鬱不已，但這卻是一大轉機，算哲自此重新振作，從圍棋界完全引退，辭去幕府圍棋手一職，改名為澀川春海，專心一意投入天文研究，這就是春海的不平凡之處。

## ■貞享曆也是澀川春海的發明

春海自棋界引退後，專心研究天文及曆術，成為德川幕府中首屈一指的學者，留下偉大的功績。

當時日本使用的是宣明曆，宣明曆來自中國，但其歷史已長達八百年以上，不僅錯誤百出，也不符合日本國情，春海便以宣明曆為基礎，製作出適合日本人的日本新曆，之後他向幕府建言，公布採用新曆法。由於當時正是貞享二年 1 月，世人稱此為貞享曆。貞享曆是日本人最早創造的曆法，因而至今仍有人尊澀川春海為日本曆法的始祖。

## ◼二百十日與釣魚

春海創造了日本特有的曆法，而製作曆法需要天文、數學、氣象等相關的深厚知識，足可說明他是一位優秀的學者。不過除了研究學問之外，他還有一項嗜好，那就是釣魚。二百十日之所以納入曆法，實際上就是源自於他的嗜好。

某一年的秋天，春海背著釣具前往千葉海邊釣魚，他到熟識的漁家準備搭船出海時，一位年長的漁夫阻止他：「遠方有一大片黑雲往這裡飄過來，中午過後一定會有大風雨，今天就不要出海了吧。」

剛好那一天萬里無雲，海面也是風平浪靜，春海覺得很納悶，便詢問老漁夫原因，老漁夫一邊屈指計算，一邊說道：「我 50 年來都將每天的天候記錄下來，不知怎麼的，從立春開始數起，第二百一十日到第二百二十日，東南方都會吹起狂風，陸地和海上都會下起大雨。今天剛好就是那一天。」老漁夫將其 50 年的經驗告知春海。

一般學者對於老人的經驗談，都會視為迷信而嗤之以鼻，但春海並非如此。他心想：「這位長者的話耐人尋味。50 年的經驗可不容小覷，姑且信之，就觀察看看今天的天候吧。」於是取消出海釣魚而打道回府。

果然，他一回到江戶城中，天空就突然烏雲密布，雷聲大作的同時，也突然下起暴雨，春海好不容易才找到民家避難，他嘆口氣說：「我今天

才深刻體會到，雖然我多年研究天文之理，辛苦觀察遠方的星宿，卻不及每天觀察身邊雲朵變化的長者的智慧啊。」這段故事出現在春海的漫談軼事中，他以此為動機，開始正式研究二百十日，也就是曆法。

# 5 │ 百五減算──資優生都可能上當的陷阱題

　　有句古諺「溫故知新」，意指溫習舊業，可增進新知。現在翻閱古時和算家所著的數學書，其中有許多知識可資參考。這一節將描述許多人都十分熟悉的百五減算。

　　百五減算之名並非日本人所取，而是從中國傳來的，根據文獻記載，也許是源自唐代之前的《孫子算經》。姑且不論其起源，其問題若以簡單明瞭的現代文呈現的話，內容如下：

> 　　今有一人，問其貴庚，那人答：「我年齡以 3 除餘 1，以 5 除餘 2，以 7 除餘 3。」答完便消失無蹤。試問此人幾歲？

　　這類問題為何被稱為百五減算呢？其原因如下：

　　首先假設此問題中的年齡為 N，N 為

　　以 3 除餘 1 …… (1)

　　以 5 除餘 2 …… (2)

　　以 7 除餘 3 …… (3)

　　必須在這三個條件之下求出 N 的值。試著將 3 及 5 都可除盡的數，亦即是 3 與 5 的公倍數，由小至大依序寫出，有 15、30、45、60、75、90、105、120、135、150、165……等無數個，其中除以 7 而餘 3 的最小數為

　　45 …… (4)

接著列出 5 及 7 皆可除盡的數：

　　35、70、105、140、175、210……等無數個

其中除以 3 而餘 1 的最小數爲

　　70 ……⑸

接著再列出 3 及 7 皆可除盡的數：

　　21、42、63、84、105、126、147、168……等無數個

其中除以 5 而餘 2 的最小數爲

　　42 ……⑹

然後進行⑷＋⑸＋⑹的運算，45 ＋ 70 ＋ 42 ＝ 157，此數除以 3 餘 1，除以 5 餘 2，除以 7 餘 3，與問題所示的三個條件相符，因此可以得出此人的年齡爲 157 歲。

　　然而，此問題還需要進一步思考，人類壽命再怎麼長壽，157 歲還是不切實際，令人不禁懷疑問題是否有錯。但是人不可不思檢討自己的想法，而一味指責問題不當。

　　若重新思考問題中的 157，確實是除以 3 餘 1，除以 5 餘 2，除以 7 餘 3，但這個答案就沒問題了嗎？ 3、5、7 皆可除盡的最小的數爲 3×5×7 ＝ 105，以 157 減去 105 後，157 － 105 ＝ 52，餘數仍舊符合上述的 3 個條件。52 除以 3 餘 1，除以 5 餘 2，除以 7 餘 3，因此問題所求的數值應爲 52（歲）。

　　由於此題中減去的爲 3 × 5 × 7 ＝ 105，因而命名爲百五減算。這是十分簡單易解的問題，但往往有人疏忽忘了減去 105 而出錯。在入學考時，常有優秀學生未深思熟慮而輕率答題，事後即使發現錯誤也無法挽回。這就是相撲比賽中所說的「下巴放鬆就輸了」，是指應該收緊下巴，謹愼留意腳步的意思，這句話是警惕人不可因一心求勝而驕傲自大。

## ■代數解法，腦筋免打結

那麼，若以代數來解這題的話，結果會如何？

【解】假設欲求之數為 N，除以 3 餘 1，因此

$$N = 3m + 1 \cdots (1)$$

而 $N$ 除以 5 餘 2，

$$N = 5n + 2 \cdots (2)$$

N 除以 7 餘 3，因此

$$N = 7p + 3 \cdots (3)$$

而由⑴及⑵可得到

$$3m + 1 = 5n + 2 \cdots (4)$$

由⑵及⑶可得出

$$5n + 2 = 7p + 3 \cdots (5)$$

從方程式⑷可解出

$$m = \frac{1}{3}(5n+1) \cdots (6)$$

從方程式⑸可得到

$$p = \frac{1}{7}(5n-1) \cdots (7)$$

在方程式⑹⑺中的 $m$、$n$、$p$ 都必須是正整數，方程式⑹中 $n$ 的值為

1、4、7、10、13、16、19、……

$m$ 的值才會為整數。而方程式 (7) 中 $n$ 的值必須為

3、10、17、24、31、……

$p$ 的值才會是整數。上列兩列數字中共通且最小的 $n$ 值為 10，因此假設 $n = 10$，從方程式⑹⑺可解出 $m = 17$，$p = 7$，將數值代入⑴、⑵、⑶任一個方程式，都可得到 $N = 52$。

【答】52

　　百五減算有各式特殊有趣的問題，但礙於篇幅無法一一詳述，希望他日有機會再談。以下先列舉兩個簡單的問題。

## ■ 百五減算，腦筋轉轉彎

問題1　將一群學生每 5 人分成一組後，最後一組剩下 4 人；每 9 人分為一組的話，最後一組為 8 人，而每 15 人分為一組時，最後一組為 14 人，那麼這一群學生的人數為多少？總人數不超過 200 人。

　　這一題比先前的百五減算更為容易，假設學生人數為 $N$，那麼

$N = 5m + 4$……(1)

$N = 9n + 8$……(2)

$N = 15p + 14$……(3)

$N$ 再加上 1 人，假設總人數為 $N + 1$ 人的話，此數即可被 5、9、15 除盡，因此 $N + 1$ 為 5、9、15 的最小公倍數 45 或是其倍數，亦即是

　　90、135、180、225……

因此 $N$ 的值應為 45 － 1、90 － 1、135 － 1、180 － 1……。

也就是說 $N = 44$、89、134、179、224……其中的某數，但問題的條件為 $N$ 為 200 人以下，因此本題的正確答案如下：

【答】44 人、89 人、134 人或 179 人

問題 2　有若干個棋子，每 5 顆一把的話，最後剩下 3 顆；7 顆一把的話，剩 4 顆；9 顆一把的話，剩 5 顆，請問總共有多少顆棋子？

先列出方程式：

$N = 5m + 3$……⑴

$N = 7n + 4$……⑵

$N = 9p + 5$……⑶

這題與先前的百五減算為同類型問題，但此題是減去 315，而非 105，因此可命名為三百十五減算。

【答】158

## ■ 塔爾塔利亞問題

百五減算這類的問題，並非中國或日本的專利，類似問題也曾在西方數學中出現過。自古以來眾所皆知，人稱塔爾塔利亞問題就是類似百五減算的問題。塔爾塔利亞（Tartaglia, 1499 ？～ 1557），也有人稱塔阿塔利亞，是文藝復興時期著名的義大利數學家，據傳他是最早發現三次方程式解法的人。後人普遍認為是卡當（Cardan, 1501 ～ 1576）發現三次方程式的一般解法。事實上塔爾塔利亞才是第一人。

塔爾塔利亞的本名為尼可洛芬他拿，塔爾塔利亞在義大利文的意思是口吃、說話結巴，他生於極為貧困的農家，出生不久即死了父親，由母親一手扶養長大。他 6 歲之時，被粗暴的法國士兵猛烈攻擊臉部，因而無法流暢說話，更由於家貧殘障，而被毫無同情心的孩子取了個口吃的綽號，幼年時期身世堪憐（另一說法是父親被殺時他在現場，身受重傷，撿回一命之後就有了語言障礙）。

　　到了就學年齡時，貧窮的母親無法供應他學費而放任不管，但上天終究還是眷顧他的，雖然他在逆境中成長，但他先天語言能力極強，且對數學極有興趣，在無師自通的情況下，他靠自修學會英文、德文、法文、希臘文、拉丁文，數學方面也全靠自學，成就了當時最高等的研究。

　　先前曾提及之前的三次方程式

$$ax^3 + bx^2 + cx + d = 0$$
或 $x^3 + px + q = 0$

本來無人能解，他卻成功找出解答，但又由於某些原因而被別人霸占了這份榮耀。

　　言歸正傳，以這位學者命名的問題為數不少，在此列舉其中一例：

---

　　某位商人行經牧場，他問牧羊人當場有幾頭羊，牧羊人回答：每 2 頭一數的話會剩 1 頭；每 3 頭、4 頭一數的話也都是多 1 頭，而每 5 頭、6 頭一數也都是餘 1 頭，但是每 7 頭一數的話就能整除。請問羊總共有幾頭呢？

---

　　這樣的問題，光看題目就令人頭昏眼花，不知該如何著手，但頭腦稍微冷靜一下，就會發現這個題目並無特殊之處。在解法揭曉之前，請先仔細思考看看，會發現這題比之前的百五減算簡單得多。

　　假設羊的數目為 $N$，

$$N = 2n + 1 = 3m + 1 = 4p + 1 = 5q + 1 = 6r + 1$$

而 $N = 7s$，於是求出 2、3、4、5、6 的最小公倍數 60，60 加上 1 為 61，61 除以 2、3、4、5、6 都是餘 1。因此 61 加上 60 的倍數 $61 + 60n$，也就是說

61、121、181、241、301、361、421、481、541、601……

當中任一數都是除以 2、3、4、5、6 餘 1，再由小至大依序列出其中 7 可以整除的數：

301、721、1141……

301 ＋ 420$m$ 的任一數都符合條件，其中最小的數值是 301 （頭）。

## ■ 多多練習，腦袋不打結

此外，和算書中也出現簡單輕鬆的問題，試舉其中幾題如下：

> 問題1　中秋夜做了賞月丸子，5 個串成 1 串會剩 1 個；6 個串成 1 串會剩 2 個；8 個串成 1 串會剩 4 個，請問共有幾個丸子？

與先前的問題一樣，假設丸子數量為 N 的話，於是

$N = 5n + 1 = 6m + 2 = 8p + 4$

$N$ 再加上 4 的話，

$N + 4 = 5n + 5 = 6m + 6 = 8p + 8$

$N＋4$ 除以 5、6、8 都可除盡，因此 5、6、8 的最小公倍數 120 等於 $N＋4$，從 $N + 4 = 120$，可解出 N ＝ 116。　　　　　　　　【答】116 個

> 問題2　彌次與喜多 2 人住進京都祇園的旅館，他們問旅館老闆，從旅館到伊勢桑名的路途有多遠？老闆想了一下回道：「你們每天走 7 里的話，在剩 3 里處時太陽會下山；每天走 8 里的話，在剩 5 里處時太陽會下山。」
> 請問從京都到桑名有幾里？

這題解法與先前題目相同：

$N = 7m + 3 = 8n + 5$

因此可知 $7m = 8n + 2$　　　　　$\therefore m = \dfrac{8n+2}{7}$

$m$ 及 $n$ 都是正整數，$n$ 的最小值是 5，則 $m = 6$，將 $m$ 的值代入 $N = 7m + 3$ 中，解出 $N = 45$。　　　　　　　　　　　　【答】45 里

## ■ 練習問題

問題 1　水果若干個，若 8 個裝一袋的話，最後一袋只剩 2 個；12 個裝一袋，最後一袋也會剩 2 個；10 個裝一袋的話，數量剛剛好。請問水果有多少個？

從方程式 $N = 8m + 2 = 12n + 2$ 中可得知 $8m = 12n$，因此 $m = \dfrac{12n}{8} = \dfrac{3}{2}n$ 。

$n$ 為 2、4、6、8 等 2 的倍數，$m$ 則為 3、6、9、12……，

因此假設 $n = 2$、$m = 3$ 的話，$N = 26$，

而 $n = 4$、$m = 6$ 的話，$N = 50$，

$n = 6$、$m = 9$ 的話，$N = 74$ 等，

以此類推，而其中 10 可以整除的數為 50。　　　　　　【答】50

問題 2　某數除以 10 餘 9，除以 9 餘 8，除以 8 餘 7，除以 7 餘 6，除以 6 餘 5，除以 5 餘 4，除以 4 餘 3，除以 3 餘 2，除以 2 餘 1，請問此數最小為何？

$N + 1$ 可以被 10、9、8、7、6、5、4、3、2 除盡，而 10、9、8、7、6、……、2 的最小公倍數如下：

②）10，9，8，7，6，5，4，3，2
②）　5，9，4，7，3，5，2，3，1
③）　5，9，2，7，3，5，1，3，1
⑤）　5，3，2，7，1，5，1，1，1
　　1，③，②，⑦，1，1，1，1，1

$2 \times 2 \times 3 \times 5 \times 3 \times 2 \times 7 = 2520$

$\because N + 1 = 2520 \quad \therefore N = 2519$ 【答】2519

---

**問題 3** 以某金額購買 40、50、60、100 元的東西都會剩下 20 元，請問金額為多少？

假設金額為 $N$，$N - 20$ 可以被 40、50、60、100 除盡，而 40、50、60、100 的最小公倍數為 600，$N - 20 = 600$。

$\therefore N = 620$ 【答】620 元

---

**問題 4** 日本到處都是神社、觀音寺，因此到處都有石階。

K 君年假期間到鄉下的叔父家時，前往當地的神社參拜，因而登上石階。

K 君爬石階覺得 1 階 1 階爬太慢，因而採每 3 階爬 1 次，最後剩下 1 階。想要爬更快而每 4 階爬 1 次，結果剩下 2 階。5 階爬 1 次的話，剩下 4 階。每 7 階爬 1 次的話，剩下 2 階。石階的數目沒辦法被 3、4、5、7 除盡，爬剩下的石階數相當於除法的餘數，請問石階共有幾階？

如同前幾題一樣，從方程式 $N = 3m + 1 = 4n + 2 = 5p + 4 = 7q + 2$ 可解出 $N = 394$。 【答】394 階

# 第四章

## 數學靈光，行遍天下

- 你很懂加法嗎？
- 你知道如何開一家降低成本不降品質的 SPA 護膚店？
- 為什麼不能只學建構式數學？
- 抓偽幣的最快方法是什麼？
- 損益計算，你真懂生意嗎？
- 這才是推理：帽子的顏色……

Q1　你很懂加法嗎？

① 運用 5 個數字 5，列出答案為 100 的算式。

② 在 123456789 中加入 7 個「＋」號，使總和為 99。

③ 在 8 個數字 8 中加入「＋」號，使總和為 1000。

【解答】p.160

Q2　這麼多鮪魚要幾天才吃完？

漁船上有 10 名漁夫，10 天吃完 10 條鮪魚，以此推算 80 名漁夫要花幾天才能吃完 80 條鮪魚？

【解答】p.160

Q3　9 個圓、4 條線，一口氣串起來

如右圖所示，將 9 個圓排成正方形，現在要如何畫出 4 條直線以穿過所有的圓呢？但是 4 條直線必須一筆到底不能中斷。

○　○　○
○　○　○
○　○　○

【解答】p.160

Q4　又來了，火柴棒問題

利用 6 根火柴棒要如何做出 4 個三角形呢？

【解答】p.160

Q5　烏鴉與松樹

賞鳥的時候，在原野上看見數棵松樹，一群烏鴉停留在松樹上。賞鳥人發現，1 棵停留 5 隻的話，會有 7 隻無法棲息而飛往別處。1 棵停留 7 隻的話，最後 1 棵松樹上只有 2 隻棲息。請問這群烏鴉總有幾隻？原野

上有幾棵松樹？（這題目也可以換成畢業旅行分配房間，只不過把烏鴉換成學生，松樹改成房間。）

【解答】p.161

## Q6　調換杯子

依照下圖，將 6 個杯子從 1 至 6，由左至右依序排列，在 1、3、5 號杯子中倒入汽水，2、4、6 號杯子則是空的。

將相鄰的杯子一次調換 2 個，以拇指與中指夾住杯子，依序調換。現欲將裝有汽水的杯子置於右邊，空杯子置於左邊，請問該如何移動，才能在三次之內完成，把汽水都換到同一邊？（想想看，如果你一手滑手機，另一手卻想移動杯子，這題就很實用了。）

【解答】p.161

## Q7　降成本不降品質的 SPA 護膚店

請在 1 分鐘以內回答以下的問題。

物價上漲，SPA 護膚店老闆決定減少精油蠟燭的用量，她點過 10 根精油蠟燭後收集餘燼，利用餘燼再製造出 1 根新的蠟燭。有一天，她進貨 100 根蠟燭，但實際上她會將這些蠟燭，當成幾根蠟燭用呢？

【解答】p.162

## Q8　最笨也最快的方法，別想太多

依序寫出 0、1、2、3、4、5、6……100 時，會寫多少個 0 ？而又會寫出多少個 1 ？

【解答】p.162

## Q9　3 里路、2 匹馬，誰也不想吃虧

在古時候的和算書裡，出現了下列問題：

「三人要行走 3 里的路途，卻只有 2 匹馬，要如何做才能使三人平均騎到馬？」

【解答】p.162

## Q10　三人分三鳥，一人一隻，為何籠裡還剩一隻？

籠子裡有 3 隻小鳥，由於 3 個幼稚園孩子想要小鳥，於是分給每人 1 隻小鳥，但籠裡仍舊有 1 隻小鳥，請問為什麼？

【解答】p.162

## Q11　為什麼不能只學建構式數學？

123456789 × 9 + 10 = 1111111111，請在下列（ ）中填入適當的數字。

123456789 ×（ ）+ 20 = 2222222222

123456789 ×（ ）+ 30 = 3333333333

123456789 ×（ ）+ 40 = 4444444444

123456789 × （　） + 50 = 5555555555

123456789 × （　） + 60 = 6666666666

123456789 × （　） + 70 = 7777777777

123456789 × （　） + 80 = 8888888888

123456789 × （　） + 90 = 9999999999

【解答】p.163

## Q12　土地分割，別吃虧

①4戶農家共同擁有並耕種如圖的一塊土地，但這塊土地要變更爲住宅用地，因此4戶決定將土地分割爲相同形狀、面積的4塊地，請問該如何分割？

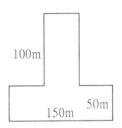

②A、B、C、D這4人共有如圖的一塊花壇並種植花草，但4人想要分別種植，因而決定將此塊花壇分割爲4塊相同形狀、大小的花壇，請問該如何分割才好？

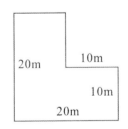

【解答】p.163

## Q13　請慢郎中趕工的說法

兩兄弟在趕工，太郎問次郎：「現在幾點？」次郎思考了一下回答：「今天剩下的時間，是已經過去的時間的5分之4，所以我們得快點了。」請問現在幾點幾分？

【解答】p.163

## Q14　水與冰

水結冰時，其體積增加了 11 分之 1；相反的，當冰融化為水時，其體積減少多少？

【解答】p.163

## Q15　懶人撿球，該怎麼走？

在一條線 l 的同一邊有 A、B 兩枝旗子，若要這條線上放 1 個球，球該放在哪裡，才能讓站在 A 位置的人拾起這顆球，將其拿到 B 的位置時，行走的距離最短？

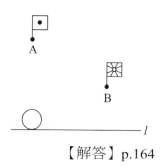

【解答】p.164

## Q16　排列與組合的入門題目

利用 1、3、5 三個數字，可以創造出多少個 3 位數的整數？而運用 1、3、5、7 四個數字，又可以創造出多少個 4 位數的整數呢？

【解答】p.164

## Q17　快問快答，你有數字概念嗎？

在高中二年級的教室裡，老師問學生：「累加奇數 1、3、5、7、9、……，要累加幾個數字，總和才會成為 90？」A 君立即回答：「這題無解。」請問為什麼？

【解答】p.164

## Q18　折鐵絲

有 4 根等長的鐵絲，該怎麼折才能折成同樣的形狀，並排成如右圖般的圖形，鐵絲不可交叉或重疊。

【解答】p.164

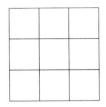

## Q19　不說考幾分，我也知道你名次

A、B、C、D、E，5 人在數學考試中競爭得分高低，由於大家都不想透露自己的成績，因此打聽之後，我們只知道：

① C 和 D 的得分加總是 E 的 2 倍。

② B 的得分高於 D。

③ A 及 B 的得分加總，等於 C 及 D 的得分加總。

④ D 的得分高於 E。

請排出 5 人的得分順位。

【解答】p.165

## Q20　抓偽幣的最快方法

有 9 個形狀大小完全相同的 100 元硬幣，但其中有 1 個是偽幣，重量較輕。現在要用沒有砝碼的天平，秤 2 次以挑出偽幣，請問該如何做？

【解答】p.165

## Q21　損益計算，你真懂生意嗎？

某人將不同種的 2 隻小鳥各賣 990 元，其中 1 隻賺了 10％，另一隻賠了 10％，請問整體的損益為多少元？

【解答】p.165

## Q22　算細胞分裂，誰最聰明？

在生物課上完細胞分裂時，老師出了以下一個問題：「1 個細胞 1 分鐘分裂為 2 個，再過 1 分鐘分裂為 4 個，就像這樣每 1 分鐘增為 2 倍，1 小時後試管就滿了。假設最初有 2 個細胞，要經過幾分鐘試管才會滿？

幾乎所有學生都舉手回答：「30 分鐘」，但坐在角落的一個學生站起來答道：「應該是 59 分鐘」，請問哪一個答案才是正確的？

【解答】p.166

## Q23　熟練乘法，能提升洞察力

有一個從 0 到 9 的數字圈圈，現在在不改變其順序的情況下，將數字分為三組，請問該如何做，才能使兩組數字相乘後，等於剩下的一組數字？

例如：將 6 及 3 移至右邊後，分成 2、8907、15463 三組，2×8907=17814，相乘後的結果不等於 15463。以這樣的方式嘗試，仔細思考，其實不用一一演算出各種可能結果，你就會找到答案的。

【解答】p.166

## Q24　不用斷電，也知道電扶梯多少階

某百貨公司剛開幕，中庭有個巨型電扶梯，運轉當中的電扶梯很難數出來到底有多少階梯。我搭電扶梯從 1 樓爬上 2 樓，在電扶梯上走 26 步的話，剛好 30 秒即可抵達 2 樓，再走快一點，走 34 步只花 18 秒即可抵達 2 樓，那麼電扶梯靜止

不動時，露在外面的階梯有幾階？

【解答】p.166

## Q25　老農夫分豬

某農夫將豬隻分給 3 個兒子，大兒子比二兒子多 20%，比小兒子多 25%，二兒子分得的豬隻為 3600 頭，那麼小兒子分到多少頭豬呢？

【解答】p.166

## Q26　菊花臺的必勝戰法

如圖所示，花壇四周開了 13 朵花，為了方便，將其編上 1 到 13 號。花子與太郎兩人輪流摘花，摘到最後 1 朵的人為贏家。

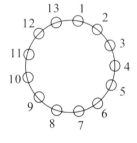

一次可以摘 1 或 2 朵花，摘 2 朵時必須是相鄰的 2 朵花，兩人可以任意摘取 1 ～ 13 號的花。

事實上其中有個必勝的祕訣，剛開始時花子摘 1 朵 1 號花時，接下來太郎該如何做，就一定能贏得勝利？而花子一開始就摘 1 號及 2 號 2 朵花時，下一步太郎該如何做才能贏得勝利？

【解答】p.167

## Q27　$\alpha + \beta + \gamma$

同樣大小的三個正方形併排如右圖時，$\alpha$、$\beta$、$\gamma$ 三個角的和為多少度？$\alpha$ 角當然是 45 度。

【解答】p.167

## Q28　這才是推理：帽子的顏色

老師對 3 位中學生說：「這裡有 3 頂紅帽子和 2 頂白帽子。」然後老師叫 3 人戴上眼罩、替他們戴上帽子後，叫 3 位中學生取下眼罩。

3 人都不知道自己所戴的帽子的顏色，但看得到另外 2 人的帽子顏色，於是老師問 A 同學：「你的帽子是什麼顏色的？」A 同學回答：「不知道。」接著問 B 同學，B 同學想了一下回答：「還是不知道。」

C 同學從他們的回答馬上猜出自己帽子的顏色，請問他的帽子是什麼顏色的？該如何推斷呢？

【解答】p.167

## Q29　收了假鈔的老闆，賠多少錢？

有位紳士前往水果店買蘋果。

「歡迎光臨。」

「我想買些蘋果。」

「好的，特級的是 1 個 100 元，高級的是 2 個 100 元，一般的是 3 個 100 元。」

「那麼我要 10 個特級的，是 1000 元沒錯吧。我趕時間，請趕快幫我包起來。」紳士邊說，邊從錢包掏出一張 5000 元紙鈔。

但湊巧老闆沒有 1000 元紙鈔，他一邊跟客人道歉，一邊到隔壁店家換開 5000 元紙鈔。

「謝謝，找您 4000 元，」老闆送走客人沒多久，隔壁店家跑來說：「你剛剛拿來的 5000 元紙鈔是假鈔，我要換回來。」於是老闆只好從抽屜拿出 5000 元紙鈔還給隔壁店家。

「真倒楣！被那個客人騙了 1000 元的蘋果和 4000 元，還必須賠償隔壁 5000 元，真是慘賠了 10000 元。」

老闆的確是賠了錢，但請問他真的是賠了 10000 元嗎？

【解答】p.168

## Q30　你到底怎麼偷喝葡萄酒的？

春天的某個夜晚，村長邀請城裡來的客人到自己家作客，他從酒窖搬出小心封藏的酒桶，打算招待客人品嚐他頗為自豪的葡萄酒。

村長拔開 10 公升酒桶的塞子，聞了一下酒香後，立即說：「有人在葡萄酒裡摻了水。」然後在口中稍微含了一下酒說：「嗯，酒中摻了一半的水，立刻把酒窖管理員叫來！」

酒窖管理員畏畏縮縮的出現並坦承：「我偷偷一點一點的喝葡萄酒，並加水稀釋。」

「剛開始時我偷喝 1 杯，並補加了 1 杯水，2、3 天後又喝了 1 杯，也再加了 1 杯水進去，所以葡萄酒的濃度是原來的一半。」

「難得的好酒都被糟蹋了。」於是村長打消請客人品嚐葡萄酒的念頭，但是他突然想到：「管理員喝酒用的杯子，容量到底是多少呢？」

請替村長從下列選項中選出正確答案。

① 約 1 公升　② 約 2 公升　③ 約 3 公升　④ 約 4 公升

【解答】p.168

# 解　答

Q1　你很懂加法嗎？

① ( 5 + 5 + 5 + 5 )×5

② 1 + 2 + 3 + 4 + 5 + 67 + 8 + 9

③ 888 + 88 + 8 + 8 + 8

Q2　這麼多鮪魚要幾天才吃完？

1 人還是吃 1 條，因此天數並沒改變。

【答】10 天

Q3　9 個圓、4 條線，一口氣串起來

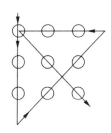

Q4　又來了，火柴棒問題

如右圖所示，先以 3 根排出正三角形，再立起剩下的 3 根做出正四面體即可。

## Q5　烏鴉與松樹

　　1 棵松樹停留 5 隻烏鴉的話，就會多出 7 隻。1 棵停留 7 隻的話，最後 1 棵上只停了 2 隻，而不夠 5 隻，也就是說，停留 5 隻與停留 7 隻之間有 12 隻的落差，因此松樹的數目為 12÷( 7 − 5 ) = 6 棵，烏鴉為 5×6 + 7 = 37 隻。

　　以代數來運算的話，假設松樹數目為 x，

　　$5x + 7 = 7x − 5$　移項後 $− 2x = − 12$　∴ $x = 6$（棵）

　　烏鴉的數目為 5×6 + 7 = 37（隻）

## Q6　調換杯子

依照下列方式的話，可以輕易的三次就完成任務。

Ⅰ以姆指與中指夾住 2 號及 3 號杯子，置於 1 號的左邊。

Ⅱ夾住 5 號及 6 號杯子，調換至空位，亦即是 1 號及 4 號之間。

Ⅲ最後夾住 6 號及 4 號杯子，置於最左邊。

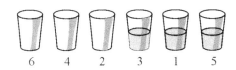

Q7　降成本不降品質的 SPA 護膚店

　　首先 100 根蠟燭的餘燼可以製造出 10 根蠟燭，而 10 根又可再造出 1 根蠟燭，因此正確答案是 111 根。

Q8　最笨也最快的方法，別想太多

　　0 到 9 有 1 個 0，10 到 99 有 9 個 0，100 有 2 個 0，因此總計有 12 個 0。包含 1 的數字有 1、10、11、12……、19、21、31、41、……、91、100，

　　總計有 1 ＋ 11 ＋ 8 ＋ 1 ＝ 21 個 1。

Q9　3 里路、2 匹馬，誰也不想吃虧

　　三人都騎馬走 2 里路，徒步走 1 里路的話，是最公平的作法。假設三人為甲、乙、丙，其分配如下圖，也就是說甲在最初的 2 里路騎馬，剩下的 1 里路徒步，乙在最初及最後的 1 里路騎馬，中間的 1 里路徒步，丙在最初的 1 里路徒步，剩下的 2 里路騎馬。

　　實線表示騎馬　　虛線表示徒步

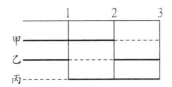

Q10　三人分三鳥，一人一隻，為何籠裡還剩一隻？

　　因為其中 1 個孩子得到的，是連籠子帶小鳥。

**Q11　為什麼不能只學建構式數學？**

將 9 乘以 2 倍、3 倍、4 倍、……、9 倍即可。

　　　　【答】由上至下依序是 18、27、36、45、54、63、72、81

**Q12　土地分割，別吃虧**

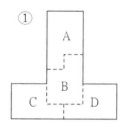　　　　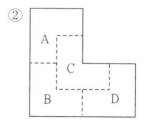

**Q13　請慢郎中趕工的說法**

假設現在的時間為 $x$，

$$24 - x = \frac{4}{5}x \qquad \therefore x = 13\frac{1}{3}$$

$\frac{1}{3}$ 小時為 20 分，因此正確答案為 13 點（下午 1 點）20 分。

**Q14　水與冰**

假設冰的體積為 1，結冰時為 $1+\frac{1}{11}=\frac{12}{11}$。因此冰融化為水時，體積為 $\frac{11}{12}$，亦即是體積減少 $\frac{1}{12}$。

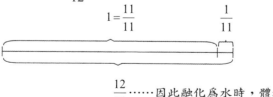

$\frac{12}{11}$……因此融化為水時，體積成為 $\frac{11}{12}$

## Q15　懶人撿球，該怎麼走？

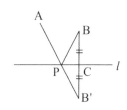

　　如右圖般，從 B 點到 *l* 畫一條垂直線 BC，再畫一條與 BC 相等的線段 CB'，假設線段 AB' 與 *l* 的交點為 P，P 即為所求之點，也就是說將球放在 P 點上即可。

## Q16　排列與組合的入門題目

　　3 位數有 135、153、315、351、513、531 總計 6 個整數。4 位數的數字當千位數為 7 時，剩下的 3 位數（1、3、5 的組合）有 6 個，當千位數為 5、3、1 時，3 位數也同樣是 6 個，因此全部有 4×6 = 24 個。

　　計算 3 個數字的組合時，認為有 3×2×1 = 6 種，4 個數字的組合有 4×3×2×1 = 24 種，5 個數字的組合有 5×4×3×2×1 = 120 種……。

## Q17　快問快答，你有數字概念嗎？

　　將奇數從 1 開始依序相加的話，其結果如以下所示，一定會是某數的平方（加 *n* 個的話就會是 $n^2$）。

$$1 + 3 = 4 = 2^2 \qquad 1 + 3 + 5 = 9 = 3^2 \qquad 1 + 3 + 5 + 7 = 16 = 4^2$$

$$1 + 3 + 5 + 7 + 9 = 25 = 5^2 \qquad 1 + 3 + 5 + 7 + 9 + 11 = 36 = 6^2$$

但 90 並非為某數的平方，因此奇數累計相加的總數，不會是 90。

## Q18　折鐵絲

答案有許多種，右圖即為其中一例。

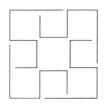

## Q19　不說考幾分，我也知道你名次

假設 A、B、C、D 這 4 人的得分各為 A、B、C、D，

① C ＋ D ＝ 2E　②B ＞ D　③A ＋ B ＝ C ＋ D　④D ＞ E

從②及④可以得知 B ＞ D ＞ E

從②及③可以得知 C ＞ A

從①及④可以得知 D ＞ E ＞ C

將上述結果整理一下即可得出 B ＞ D ＞ E ＞ C ＞ A

## Q20　抓偽幣的最快方法

　　首先將 9 個硬幣每 3 個一組，分為 A 組、B 組、C 組，將 A 組及 B 組放在天平上秤，若兩方等重的話，偽幣就在 C 組裡。若兩方重量不相等，偽幣就在 A 組或 B 組較輕的一方，如此便可找出包含偽幣的一組。

　　接著在 3 個錢幣中任意挑 2 個放到天平上秤，若 2 個等重的話，剩下的 1 個錢幣就是偽幣，若 2 個錢幣重量不相等的話，其中較輕的一枚即為偽幣。

## Q21　損益計算，你真懂生意嗎？

　　先求出 2 隻小鳥的原價 $x$、$y$，

賺得 10％利益的一方為

$x \times 1.1 = 990$　$\therefore x = 990 \div 1.1 = 900$（元）

而損失 10％利益的一方為

$y \times 0.9 = 990$　$\therefore y = 990 \div 0.9 = 1100$（元）

　　2 隻鳥的原價為 900 ＋ 1100 ＝ 2000（元），卻以 990×2=1980（元）的價格售出，因此總共損失了 20 元。

## Q22　算細胞分裂，誰最聰明？

假設最初有 2 個細胞，1 分鐘後就分裂為 4 個，2 分鐘後變成 8 個。也就是說，和最初有 1 個細胞的差別僅在於最初的 1 分鐘，剩下的時間都一樣，因此減去最初的 1 分鐘，59 分鐘才正確。

## Q23　熟練乘法，能提升洞察力

將 6 移到右邊後，分為 32890、715、46 三組數字，剛好得到 $715 \times 46 = 32890$。

## Q24　不用斷電，也知道電扶梯多少階

假設欲求的階梯數為 $x$，爬上 1 階要花 $y$ 秒，若搭乘電扶梯完全沒走動的話，到 2 樓要花 $x \times y$（秒），於是可以列出以下的聯立方程式：

$xy - 26y = 30 \cdots\cdots (1)$

$xy - 34y = 18 \cdots\cdots (2)$

$(1)-(2)$ 後，可得 $8y = 12$　$\therefore y = 1.5$（秒）

將 $y$ 的值代入方程式 $(1)$，

$1.5x - 39 = 30$　$1.5x = 69$　$\therefore x = 46$（階）

## Q25　老農夫分豬

大兒子比二兒子分得的 3600 頭還要多出 20%，所以可知大兒子分到 $3600 \times (1 + 0.2) = 4320$（頭），大兒子分得的數目（4320 頭）比小兒子分到的數目 $x$ 多出 25%，因此可知

$4320 = x \times 1.25$　$\therefore x = 4320 \div 1.25 = 3456$（頭）

### Q26　菊花臺的必勝戰法

例如花子摘 1 朵 1 號花後，太郎摘 7 號及 8 號就一定能勝出。而花子摘 1 號及 2 號花時，太郎摘 8 號花就一定能贏得勝利。

無論怎麼摘，剩下的花左右都各有 5 朵，之後只要學著花子摘花，花子摘左側 1 朵時，太郎就摘右側 1 朵，花子摘右側 2 朵時，太郎就摘左側 1 朵，如此一來太郎就一定會摘到最後的一朵花。可以實際排列棋子來試試看。

### Q27　$\alpha + \beta + \gamma$

如右圖所示，$\triangle QRP = \triangle QCD$，因此

$x = y$　$\therefore \angle PQD = \angle RQC = 90º$

由於 $QP = QD$，

$\angle PDQ\ (\alpha') = 45º$　$\angle ABP\ (\alpha) = 45º$

$\therefore \alpha = \alpha'$

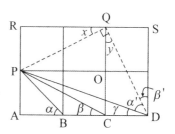

而由於 $\triangle PAC = \triangle QSD$，可知 $\beta = \beta'$

從以上可以歸納出 $\alpha + \beta + \gamma = \alpha' + \beta' + \gamma = 90º$

### Q28　這才是推理：帽子的顏色

同學的推論如下：

① 假設我（＝C 同學）的帽子是白色的，B 同學一定是這麼想的：「假設我的帽子是白色的，A 同學一定會看到 2 頂白帽子，而認定自己的帽子是紅色的才是，但是 A 同學答說不知道自己帽子的顏色，所以我的帽子不是白色的，而是紅色的。」

② 但實際上 B 同學回答：「不知道自己帽子的顏色」，所以假設無法成立，B 同學的帽子是白色的，B 同學和我（＝C 同學）的帽子不可能同是白色的（因為如此一來，A 同學應該知道自己的帽子是紅色的），因此我（＝C 同學）的帽子應該是紅色的。

## Q29　收了假鈔的老闆，賠多少錢？

實際上的損失是被客人以 5000 元假鈔矇騙，騙取了 1000 元的蘋果及找的 4000 元而已，與隔壁店家兌換並沒有任何損失（由於沒有 1000 元紙鈔而與人兌換，若手邊有千元紙鈔的話，根本不用列入考慮）。1000 元的蘋果是賣價，因此真正損失的，應該是蘋果的進貨價（1000 元以下）以及所找回的 4000 元。

## Q30　你到底怎麼偷喝葡萄酒的？

這題若不立方程式來解題的話，將會十分難解。

假設杯子的容量為 $a$ 公升，剛開始被偷喝掉的葡萄酒即為 $a$ 公升，之後又再加入 $a$ 公升的水，結果葡萄酒的量為 10 公升－ $a$ 公升，濃度變為

$$\frac{10-a}{10}$$

後來又再從酒桶偷了 $a$ 公升的酒，其中葡萄酒的量為

$$(\frac{10-a}{10}) \times a$$

2 次偷走的葡萄酒為一半的量（5 公升），因此下列的方程式便可成立。

$$a + (\frac{10-a}{10}) \times a = 5$$

將方程式整理後得出 $10a + 10a - a^2 = 50$　∴ $a^2 - 20a = -50$

將選項①～④的數值代入方程式的 a 中，結果最接近 $-50$ 的，是選項③的 3 公升（$9 - 60 = -51$）。　　　　　　　　　　　【答】③

（註）$a^2 - 20a = -50$，也就是 $a^2 - 20a + 50 = 0$，精確的解出 $a$ 的值的話，

$$a = \frac{20 \pm \sqrt{400 - 200}}{2} = \frac{20 \pm 10\sqrt{2}}{2} = 10 \pm 5\sqrt{2}$$

$\sqrt{2} = 1.414\cdots\cdots$，所以 $a$ 的值應為 $17.07\cdots\cdots$ 或 $2.93\cdots\cdots$

而 $a$ 應該比 10 公升少，所以正確答案是 $2.93\cdots\cdots$（公升）才對。

# 第五章

## 隨想錄：
## 你需要怎樣的
## 心理素質？

- 好習慣換來好成績，所以賣水賣糞成就大事業。
- 阿貝爾能用一個人的腦袋，改變全世界的思考方式，但笨拙的人集中全力於一點，也能變成大師。
- 既然機會一直都在身邊，那麼今後就拭目以待吧……

# 1 | 從落榜到上榜，
靠的是善用零碎時間

　　我一直都對技藝類的學科束手無策，因而吃了不少苦頭。我以前曾經參加某一個檢定考，必須一次考 17 科的一般學科，即使數學、物理、化學等科目可以輕鬆過關，但記憶類的科目，尤其是要逐一背誦西洋史或東洋史中出現的奇怪人名或複雜的事件內容，對我來說簡直是難以承受的負擔。

　　然而，考試規定只要有一科沒有達到該科最低標準分數，即使總分夠也不予錄取，為了不因一科考不好而落榜，我不得不硬著頭皮埋頭苦讀。

　　事隔多年，作者的名字我已經記不太清楚，但依稀記得當時指定的參考書是一本五百多頁的《最新西洋史要》，東洋史的頁數也不相上下，一想到必須在這麼短的時間內，將這麼多內容全塞進腦袋中，就令人不禁退避三舍。而且考試科目繁多，也不能光在記憶科目上花費太多時間，所以只囫圇吞棗的唸了 2、3 回。光靠這樣，根本談不上實力，所以雖然參加了考試，終究還是因為一科歷史達不到門檻分數，而名落孫山。

　　我決定第二年重考，但仔細思考後發現，如此毫無計畫、囫圇吞棗唸書的話，無論重考幾年都不會考上。既然沒時間熟讀這麼大本的指定參考書，於是我心想，有沒有更好的辦法呢？

　　當時有種不到兩百頁的《表解西洋史》、《表解東洋史》的小本參考書，小歸小，但每一個單元都有附整理好的表格，是歸納完整、最適合考試的用書。我的目的不是鑽研歷史，只要得到最低門檻分數即可，所以這樣的書對我來說已經足夠。再加上還有其他的國語、數學、物理、

化學等重要科目要準備，所以也不能把所有的時間孤注一擲在某一門記憶科目上。

當時我經常便祕，每天上廁所的時間很長，於是我每次上廁所都帶著這些小本參考書，利用上廁所的時間努力背誦，一上完就立刻擬定適合自己的題目，例如「寫下西羅馬帝國滅亡的始末」、「寫出對馬丁路德的宗教改革的感想」等等，接著列出答案的要點，製成小卡片。

每天持續不斷做這樣無聊的事，不知不覺卡片竟然累積了50、100、200張。而且很不可思議的是，之前一直不開竅的東洋史、西洋史，居然變得有趣了起來，在第二年的考試中，歷史是所有科目中考得最好的，而我也通過了考試。在那之後，我甚至一度想專攻歷史呢。

年輕時養成的習慣真是很奇妙的東西，直到現在我70多歲了，仍舊有每天早上在廁所看書的怪癖，雖然常被家人嘲笑，但仍舊改不了，我也不打算改掉這習慣。也因為這習慣，我的便祕突然消失了，而且在這短短的時間裡所記的備忘錄，也累積了驚人的數量。

我絲毫沒有鼓吹「在廁所讀書」的想法，只是深深感覺到，應該要把握任何短暫的時間。

全心全意準備考試的人，往往太在意考試而沒有充足的睡眠，或在畢業旅行難得搭上火車時，不欣賞窗外的景色，卻苦著一張臉背單字表，這樣的人不在少數。如果這些人建立善用零碎時間的習慣，就不會在不知不覺中，浪費許多時間在無意義的事情上。

## 茶水間的數學點心

◆ 數字的奧祕

$$0 \times 9 + 1 = 1$$
$$1 \times 9 + 2 = 11$$
$$12 \times 9 + 3 = 111$$
$$123 \times 9 + 4 = 1111$$
$$1234 \times 9 + 5 = 11111$$
$$12345 \times 9 + 6 = 111111$$
$$123456 \times 9 + 7 = 1111111$$
$$1234567 \times 9 + 8 = 11111111$$

$$9 \times 9 + 7 = 88$$
$$98 \times 9 + 6 = 888$$
$$987 \times 9 + 5 = 8888$$
$$9876 \times 9 + 4 = 88888$$
$$98765 \times 9 + 3 = 888888$$
$$987654 \times 9 + 2 = 8888888$$
$$9876543 \times 9 + 1 = 88888888$$

# 2 ｜ 單槍匹馬反而最有力量

勇者在單槍匹馬時最有力量。

——詩聖席勒

　　去年（1959 年）西德魯爾區的一位礦工漢斯・哈爾騰格，見到祖國分裂為東、西德，東德的人民由於共產主義的苛政，自由完全被踐踏，而西德正好相反，日夜沉迷於物質文明剎那的享樂主義。他對人心日漸軟弱的現狀深感痛心之餘，完成了一部劇本《Hoffnung》（「希望」之意），他沒找專業演員，反而起用五十多位礦工參與演出，完全自己一手導演。

　　結果在德國掀起極大的迴響，甚至擴及英國、法國及整個歐洲，後來更在南北美洲、印度、泰國、緬甸、菲律賓、非洲、澳洲等地造成幾乎是世界性的旋風，日本也在今年（1960 年）3 月，邀請他們前來演出，我在都會大廳觀賞了此劇，深受感動。

　　也許各位知道，此劇是以德國的法蘭克・普克曼（Frank Buchman）博士所提倡的道德重整運動為主軸的純意識型態劇，與一般的戲劇、電影的風格大異其趣。

　　根據普克曼博士的說法，意識型態的對立，比武器更可怕，它使全世界分裂為兩個彼此對立的陣營。其中一方是蘇聯的共產主義，與其對抗的一方就是道德重整，其中心思想為：當人心從「恐懼」、「憎惡」、「貪欲」解脫，開始嚮往正直、純潔、無私所建立的「愛之國」時，一切國家或國際的難解問題立刻得到解決，這是闡述許多道理的新思想，必須有比

共產主義更優異的意識型態，才能與共產主義相抗衡。

　　道德重整，主要是翻譯自 Moral Re-Armament，直譯為道德再武裝。在 1938 年，瑞士裔美國人法蘭克‧普克曼在第二次世界大戰正要爆發的前夕，曾在德國黑森林漫步思索，人類的文明是否生病了，為何在短短 20 年之間，人類社會卻爆發兩次世界大戰呢？

　　此時各國正準備武力消滅德國的侵略。普克曼深知軍事力量只能把戰爭打完，但人類的和平必須從人類內心的自私、野心、貪欲、仇恨、恐懼等根本的人性問題徹底反省和改變，才能找到答案。於是普克曼和他的國際團隊，在該年 6 月於倫敦市正式發起「世界 MRA 運動」。

　　剛開始不但沒有獲得任何的支持與共鳴，甚至數度被嘲笑、迫害，毫無安身之處。即便如此，普克曼博士仍舊排除萬難，為此賭上身家性命，奔走全世界，終於得到眾人的共鳴，與共產主義相抗衡。

　　該組織最為人知的貢獻，是在戰後歐洲和解以及日本與菲律賓兩國修好上扮演的重要角色。近年來，則積極關懷形勢緊張的地區，如黎巴嫩、中東、前南斯拉夫、非洲東北角（索馬利亞和衣索比亞）、柬埔寨，也在各大洲積極投入公民社會的建設。

　　不論是漢斯‧哈爾騰格或是普克曼博士，當我看到他們都憑一己之力奮起，終於撼動、影響全世界，不禁深深贊同席勒的名言：「勇者在單槍匹馬時最有力量。」

# 3 ｜ 怎麼打敗強大的拿破崙？ 靠以退為進！

只知勝驕

　　不知敗餒

　　　　禍終將至

　　　　　　　　　　　　——德川家康

大家所熟悉的德川家康，其座右銘有下列五條，前三條為：

人的一生，任重道遠，切勿急躁。

常思坎坷，則無不足；心有奢念，宜思窮困。

忍則風平浪靜，可奠長治久安之基，應思怒氣為敵。

第四條是：只知勝驕，不知敗餒，禍終將至。

而最後一條為：責己寬人，凡事不求過於表現，才是常勝之道。

這些看似平凡的話語，其實值得仔細玩味，不應忽視其中深遠的含意。尤其是現代人大多個性急躁、行事魯莽，一心只想求勝，絲毫不預想失敗，一味的勉強到底，結果招致徹底失敗的人多得驚人，這讓我深深感到「退一步的功夫」的重要性。

距今 150 ～ 160 年前，英國有一位名為亞瑟‧衛斯理的年輕士兵，他是出名的作戰高手，所到之處都建立戰功，累積功勳，最後升到少將。當時法國的拿破崙將軍勢如破竹，連戰連勝，直搗整個歐洲，所向披靡。

此時，衛斯理想到了一個戰略：「要擊潰有史以來的最大強敵拿破崙大軍，絕對不能正面攻擊，只能採以退爲進的戰術。」於是他在 1809 年率領英軍自葡萄牙登陸，在西班牙以此戰術威脅拿破崙大軍後方 6 年，第 7 年時最後決戰，在滑鐵盧之丘以退爲進，巧妙的將拿破崙的軍隊誘至山丘下的平原、一舉殲滅，奪得最後的勝利，衛斯理也因此功勳受封爲威靈頓公爵。不單是軍人，任何人都應該向衛斯理學習以退爲進的技巧，落實在日常生活中。

## 茶水間的數學點心

◆ 爲什麼 4 = 9？哪裡出了錯

久雄用以下的方法解方程式 $8x - 20 = 18x - 45$：

首先將左邊提出 4，整理出算式 $4(2x - 5)$；右邊提 9，整理算式 $9(2x - 5)$，也就是將方程式變爲 $4(2x - 5) = 9(2x - 5)$。

然後兩邊都除以 $2x - 5$ 後，居然得出結果爲 $4 = 9$，真怪。

【說明】兩邊都要除以 $2x - 5$ 時，首要條件是 $2x - 5$ 不等於 0，而久雄就是因爲忽略了這個條件，才得到奇怪的答案。

$$4(2x - 5) = 9(2x - 5) \text{ 等於 } 8x - 20 = 18x - 45$$

$$\therefore 10x = 25$$

也就是說，正確答案爲 $x = 2.5$，代入 $2x - 5$ 等於 0，因此此方程式不能同時除以 $2x - 5$。

# 4 | 賣水賣糞成就大事業

　　淺野水泥公司的前社長淺野總一郎先生（於 1931 年過世），生前曾為某雜誌撰寫其少年時代的文章，十分動人，大意如下。

　　23 歲的總一郎和友人前往東京（當時還稱爲江戶）尋找工作，但一無所獲。他們在當地無親無故，旅費也僅剩 2、3 天的住宿費用，因而感到十分惶恐。傍晚時兩人肚子餓，便繞到烤番薯店，向老闆打探是否有工作可做，老闆從頭到腳打量這兩個衣衫襤褸的少年郎後說：「你們沒搞清楚狀況就貿然來到江戶，這裡不是你們該來的地方，趕快回去鄉下吧。江戶什麼都貴，連水都要花錢才喝得到。」總一郎先生的友人聽完這番話後，感到十分害怕，立刻收拾包袱回鄉。

　　總一郎先生卻感到十分有趣，心想在江戶這個地方賣水竟然也能賺錢，有句古老的川柳詩句說：

　　「小事情也有大智慧。」

　　於是他決定開設水鋪，賣加了點糖的甜水，還以此爲契機，摸索出賺錢的門路：他 30 歲的時候，已經賺了點錢，在橫濱市長的邀請下興建公廁，再把這 63 間公廁的糞便收集權利賣給業者，接著自己成立了肥料公司。後來他用糞便生意賺來的錢從事各種實業，最後成爲橫跨明治、大正、昭和時代的日本大實業家，他除了擔任東洋汽船公司的社長、淺野水泥公司的社長以外，還是數十家大公司舉足輕重的人物，號稱鋼鐵大王、煤業大王。

　　只要靈活運用頭腦，就能從毫不起眼的一句話當中，嗅出重大商機。

## 茶水間的數學點心

◆ 別猜，實際算算吧

　　地球赤道半徑約 6370 公里，假設現在以一條長繩纏繞赤道一周的話，圓周長為「直徑 $\times \pi$」，所以繩長應該為 $6370 \times 2 \times \pi$，約 40024 公里。

　　現在將此繩騰空在距地球表面 50 公分處（當然還是在赤道上），纏繞地球一周，地球的半徑增加了 50 公分，換句話說，也就是直徑增長了 1 公尺，其圓周當然也增長囉！猜猜看，你該準備的繩子比原來用的長多少公尺？增長數十公里、數百公里嗎？

　　錯了，實際上只需增長大約 3 公尺即可，我可以用數學證明。

【說明】半徑 $\gamma$ 的圓周長為 $2\pi\gamma$，半徑 $\gamma+x$ 的圓周長為 $2\pi (\gamma+x)$，兩者圓周長的差為 $2x\pi$。而 $x = 50$（公分），因此 $2x\pi = 100\pi = 314.16$（公分），也就是大約 3 公尺長。

# 5 人前的天才靠的是
人後的努力

　　我總是聽到有些人抱怨環境不好，感嘆沒有人栽培，覺得自己懷才不遇，讓生活中的挫折打擊到一蹶不振，我認為他們都該看看野口英世的故事。

## ■ 天才也需要栽培

　　日本人、甚至世界上很多人都知道野口博士的事蹟，對日本人來說，他是個有如神明般偉大的人物。到了日本的外國人，也許不知道他是誰，但觀光客總用過一千日圓的鈔票吧？上頭的肖像就是他。我還是將他的故事寫下來吧。

　　野口博士於明治 9 年（1876 年）11 月 9 日，生於豬苗代湖畔的寒村翁島三城潟，極為貧困的農家，幼時名為清作，其父佐代助是個老實人，也是村裡出名的嗜酒如命的懶人，相反的，他母親工作能力勝過男人，十分勤快，雖然沒唸過什麼書，但後來還是憑著自學通過產婆考試，她一生接生過 2000 個以上的嬰兒，從來沒有出過差錯，在婦產界評價極高。野口英世的忍耐、勤奮、意志堅定、待人誠懇的個性，應該都是遺傳自母親。

　　野口英世 3 歲時不慎跌入火爐中，左手因而嚴重燒傷，由於治療不當，5 根手指完全黏在一起，從此成為殘疾。8 歲時進入當地的三和小學就讀，明治 21 年 13 歲時畢業，但因為家境貧窮，無法進入高等小學（編

按：二次大戰前日本的舊制學校）就讀。

當時與現在的小學不同，小學畢業必須通過認定制度，派遣學校外部的考試人員來為學生一一進行嚴格的考試，當時的考試人員是郡公所的赤垣書記及豬苗代高等小學的副校長小林榮。

他們為衣衫襤褸的清作進行口試，清作迅速俐落的回答，令兩人驚訝不已。小林老師立即發現他的左手腕變形得慘不忍睹，也看出這孩子並非等閒之輩，溫和的詢問他的身世之後，非常同情他的遭遇。於是清作在小林老師的幫助之下，進入高等小學，後來年紀稍長，左手也動了手術，奠定將來成為世界知名大學者的基礎。

當我聽到這段故事時，腦中浮現挪威數學家阿貝爾（Niels Henrik Abel, 1802 ～ 1829）與其恩師伯恩特‧霍姆波（Bernt Michael Holmboe）之間的師生情，不禁感動得熱淚盈眶。阿貝爾和野口英世一樣，家裡非常窮困，根本沒法好好受教育，一直到 16 歲時，他的數學天分才被恩師霍姆波發掘，而且在短短一年之間，竟然就學會了牛頓、歐拉、拉格朗日、拉普拉斯與高斯的理論。

他證明了五次方程式沒有根式解而名垂青史，他所構思的橢圓函數論，是 19 世紀最重要的數學主題。法國人推崇阿貝爾說：他留下的觀念問題，夠後人忙上 150 年。然而他貧病交迫，27 歲就因染患肺結核而過世。他過世後三天，柏林大學寄來的聘書才送達，令人唏噓不已。

## ■ 我的努力，你們眼中的天才

小林老師夫婦對清作疼愛有加，幫助他進豬苗代的高等小學就讀。從三城潟到學校必須走 1 里半的田埂路，清座每天從不間斷的徒步上下學，一到冬天，磐梯的強烈寒風帶著雪，原野、山坡一片雪白，因此大多數的

孩子冬天 3、4 個月都會寄宿在親友家，但清作整整 4 年、每天都持續從家裡走路上下學，而且由於路程遙遠，他總是捧著教科書邊走邊唸，到了晚上，便到附近的旅館松島屋一邊幫忙生火燒洗澡水，一邊利用微弱的火光努力唸書。

清作在高等小學 4 年級下學期時，寫了一篇關於自己左手的傷感文章。文章道盡身體殘缺的悲哀，詳細描述被周遭孩子羞辱、嘲笑、欺侮的悲傷回憶。在文章的結尾，他這樣寫道：「假如我的手能痊癒，一定要成為偉大的人物。但擁有這宛如棍棒的手，再怎麼努力，也無法成為了不起的人物吧。每每想到如此，眼前就突然變得一片灰暗，不禁悲從中來。」

這篇作文從小林老師的手中，傳閱給石川榮司校長及全體教職員，甚至也公布讓全校學生知道，頓時全校一片同情之聲，都想設法為清作治癒手部的殘疾。小林老師與全體教職員及自告奮勇的同學討論後，決定幫清作募集治療左手的醫藥費，結果幸運的募集到約 15 日圓的金額。若從今天的角度來看，15 日圓根本連一份點心都買不起，但當時福島、若松一帶的一流旅館，一晚的住宿是 25 錢，1 日圓就可以住 4、5 晚，米一升是 5、6 錢，所以 15 日圓在當時來講是一筆大數目了。

## ■ 治癒左手，宛如重生

當時在會津若松市，有位剛從美國留洋回國的外科醫生渡邊鼎，開了一家會陽醫院，清作在同學秋山義次的陪同下，來到這家醫院。這位渡邊醫師是位很好的人，他十分同情清作的遭遇，在他硬如木棒的左手上展開大手術，首先切開黏合的手掌肉，調整手指關節，再移植大腿的皮膚至左手傷口。畢竟手指黏合了十多年，所以指尖 2 節切除了，但幸好短歸短，5 根手指可以行動自如，拿碗、綁帶子都不成問題。清作母子視此

爲重生，欣喜之情難以言喻。

　　而野口英世也就是在此時，下定決心將來要從醫，爲世界人類奉獻其生命。此外，引導他靠著自學，成功的通過醫師開業執照考試的恩人，就是會陽醫院的院長渡邊醫師。

## ■自學考取醫師執照

　　由於渡邊醫師的手術，使野口深深感到醫學的可貴，及醫學研究之崇高，他立定志向，將來要研究醫學，爲世界人類奉獻生命。但他沒有能力進入醫科大學或醫專就讀，於是決定靠自己在家學習，參加醫師開業執照的檢定考，他立即前往會陽醫院拜訪渡邊醫師，表明決心。

　　渡邊醫生清楚知道，醫師開業執照考是難關中的最難關，但他老早就打從心底佩服清作清晰的頭腦及不凡的努力，所以他立即安排這個少年當醫院的寄食學生，照顧他更勝親人。野口博士小學時代受到恩師小林老師的愛護而唸完小學，而且還得到幫助、治療左手，接著又受到渡邊醫師的照顧，引導他開啓醫學研究之窗。當然這些幸運並非偶然，這都是博士全心全意展現的至誠感動人心的結果。

## ■刻柱立誓、破釜沉舟

　　清作在會陽醫院極力奮發苦讀，很幸運的，渡邊醫師是留洋歸國的學者，英、德的醫學書堆積如山，顯微鏡、最新式的醫療機器也都相當完備，所以清作的實力有了驚人的進步。如此經過了一年多，正巧碰到甲午戰手，渡邊醫師被徵召至戰地當三等軍醫官。醫師在出征前解雇了許多門生及助手，但卻特意留下晚入門的清作，交代他所有家事的整理以及發生

萬一時的後事處理。清作也十分感激渡邊醫師的厚意，接受了一切。

　　不久戰爭結束，明治 29 年春天，渡邊醫師安全歸來。回到家中後，醫師訝異在自己出征時，家計竟然整理得十分仔細、完整，更驚訝的是，擔任藥劑員的清作，他的醫學知識有了飛躍進步，他十分欽佩清作的誠實與努力。

　　清作在會陽醫院珍惜光陰、奮發苦讀的辛苦，終於有了成果，他的英文、德文都有很大的進步，能夠輕鬆閱讀醫學原文書，醫學知識也奠定了基礎。不過醫師的開業執照考試分為前期與後期，前期的學術測驗相當困難，而後期的臨床測驗難度更勝一籌，在鄉下閉門苦讀還是不夠的。於是清作打算前往東京，精進醫學研究，他與小林老師及渡邊醫師商量此事，當然大家都是表示支持，於是野口清作終於決定上京了。當時是明治 29 年（1896 年）9 月，清作 21 歲。

　　野口博士的出生舊居現在成了紀念館，被謹慎的保存著，我在博士故居中的柱子看到，當年準備離開家鄉之時，回家與母親道別的清作，見到家中空無一人，便偷偷的以小刀在柱子上刻下：「吾若不得志將不再踏上這片土地」。這句話正可看出古人所謂的「男兒立志出鄉關，志若不成死不還」的悲壯決心。

## ■ 千分之四不到的錄取率

　　懷抱希望上京的清作，其全部家當就是小林老師、渡邊醫師以及鄰居等人餽贈的約 26 日圓及一件隨身行李，他落腳在下谷池邊仲町的便宜租屋處，馬上就開始著手準備考試，1 個月後終於順利通過了內務省醫師開業執照考試。

　　清作突破了第一關之後，還要迎戰最難的後期測驗。但是這一關只靠

在租屋處閉門自學是不夠的，渡邊醫師有位好友名為血脇守之助，在芝區的伊皿子坂的高山齒科醫學院（東京齒科大學前身）擔任主任，清作藉由渡邊醫師的介紹，前往拜訪血脇先生。血脇先生老早就從渡邊醫師那兒聽說了清作的身世，深感同情，因而代渡邊醫師照顧清作，清作也因此成為高山學院的學生。

生性勤奮努力的清作，雖然獨自承擔忙碌的學院事務，但閒暇時仍舊把握時間苦讀，畢竟當時的醫師開業執照考試，是所有考試中最困難的。他懷抱著貫徹初衷、寧死不退的堅定意志，決定參加第二年 10 月的後期測驗，為了做最後衝刺，他更加奮發用功。見到清作奮發用功的血脇先生，因為擔心他的健康，於是讓他進入當時東京唯一的私立醫學院、濟生學舍的夜校準備後期測驗，學費也是血脇先生以自己的微薄薪水給付的。

古有諺語「斷而行之，鬼神避之」、「念力可穿石」，清作不屈不撓的努力終於有了回報，明治 30 年 10 月的考試，全國 1 千多名的考生中，通過前期測驗的有 80 位，當中通過後期測驗的僅有 4 名（錄取率不到千分之四），野口清作的名字就出現在 4 名上榜者之列。這時是明治 30 年（1897 年），清作才 22 歲。


## ■ 困頓中的偉大成就

博士考到醫師開業執照後，致力於細菌學的研究，然而重視學派出身及頭銜的醫學界卻視清作為異端，於是他處處受到排擠，由於沒有足夠的錢開業，更沒有臨床經驗，也沒有機會應聘到大醫院。最後在血脇先生的介紹下，到《順天堂醫學研究會雜誌》擔任編輯。在十個月中，他以英、德、法語寫成醫學文獻及數十篇的臨床實驗報告，可說成就不凡。但是這些成就並沒有改善他的生活，地位也沒有相對提高。最後野口轉到「北里

傳染病研究所」，雖然每天認真做實驗，卻沒有什麼新發現，他開始懶散下來，做每一件事都提不起勁，甚至天天酗酒。

後來他決定改名為「英世」，希望能因此展開新的生命旅程。接著他在橫濱檢疫所服務，從入境者之中首次發現了黑死病的病患，促使日本醫學界在研究黑死病方面有了長足進步。此時的野口嚮往國外，血脇為了幫助他一圓留學夢，甚至還借高利貸來幫他。於是野口在 1900 年（25 歲）12 月 5 日赴美，他選擇從實驗診斷學著手，開展了血清學的研究領域，最後發表了毒蛇實驗的成績，終於成為當世的大醫學家。

由於傑出表現被民間學術振興財團法人所承認，並提供獎學金，使得他終於能夠實現留學歐洲的夢，他在丹麥哥本哈根的國立血清研究所深造，經過三年，野口英世回到美國洛克斐勒醫學研究所負責血清學的部門。在研究的過程中，使他能一躍成為世界名人，並流傳後世的，是梅毒病原體的研究工作，使人類免於性病的危害。

後來 1928 年（53 歲）時，他在西非的阿克拉研究黃熱病，自己竟感染黃熱病而病逝異鄉。他一生都奉獻給細菌學研究，被封為二等勳位，授與旭日重光章，得到醫學、理學博士學位，當然也是學士院正式會員。看著他被授與的美、法、英各國的名譽學位以及勳章等無數的紀念文物後，野口英世的偉業更是讓人無比欽敬。

# 6 | 英年早逝，卻因他而有數學領域的諾貝爾獎

尼爾斯 · 亨利克 · 阿貝爾（Niels Henrik Abel, 1802 ～ 1829）於西元 1802 年 8 月 5 日，生於北歐挪威首都克里斯汀尼亞（後來的奧斯陸）附近的小島芬德，他家裡世世代代都是牧師家庭，家境貧困，進入克里斯汀尼亞的中學就讀，但後來付不出學費，轉為公費生後才繼續就讀。阿貝爾一、二年級時沉溺於傳記及小說而不太用功，因而被老師斥責懶惰，且幾乎放棄他了。不過後來這所學校的一位數學老師，因嚴重毆打學生致死，引起軒然大波，於是那位老師當天即被革職，由一位名為伯恩特 · 霍姆波的數學老師頂替。

22 歲的霍姆波當時是位熱血青年教師，他總覺得阿貝爾有難以忽視的過人之處，而自從霍姆波教數學之後，阿貝爾開始對數學產生興趣，突然停止閱讀之前那些娛樂讀物，開始研究數學，他的學力突飛猛進，在中學畢業之前，已經靠自學逐一消化了笛卡兒的座標幾何學、歐拉的微積分學，以及拉庫瓦（Sylvestre François Lacroix, 1765 ～ 1843）、高斯、帕松（Siméon Denis Poisson, 1781 ～ 1840）、拉格朗日等人著名的數學書。

1820 年，阿貝爾中學畢業時，霍姆波主任在其成績評語上寫下：「非凡的天才，異常篤學，將來必能成為偉大數學家。」，而且「偉大數學家」一詞是在擦掉「世界第一的數學家」之後修改寫上的。當時霍姆波是 25 歲的年輕教師，阿貝爾不過是年僅 18 歲的少年，阿貝爾的天賦異稟固然值得讚嘆，而發現其才能的年輕教師霍姆波，他的慧眼及熱情，才是教育工作者的榜樣。

　　1821 年 8 月阿貝爾進入克里斯汀尼亞大學就讀，但其父於前一年過世，母親及兄長都因貧困而無法供給他學費，再加上他必須照顧一個弟弟，於是學校安排他們在宿舍的一角同床生活。他的苦學非筆墨所能形容，「自助而後天助」，他在大學專攻數學，立即就展露了他無與倫比的天才鋒芒，在學期間陸續發表研究論文，震驚學界。

　　刻苦自勵的他，於 1822 年 6 月以優異的成績自大學畢業，挪威政府認同他卓越的才能，以公費送他到法國及德國留學。阿貝爾在德、法兩國不過一年多的時間，就在留學期間發表了各種與無窮級數收斂發散相關的卓越論文，他特別研究橢圓函數以及種種超越函數，後世稱為阿貝爾函數，他開拓了前人未曾發現的新天地。

　　阿貝爾自中學時代起，便熱衷研究五次方程式的一般解法。三次方程式、四次方程式的一般解法在義大利的文藝復興時期，卡當、費拉利、塔爾塔利亞等學者都競相研究，最後成功發現解法，但五次以上方程式的一般解法尚未有人發現，連著名的代數學大師歐拉及拉格朗日都死心放棄了。到了 1801 年，高斯說：「五次以上的一般方程式也許解不出來，但其證明應該不會太困難吧。」但最後還是無法證明。

　　阿貝爾中學時認為五次方程式是可解的，於是獨自研究，後來將方法告知大學教授漢斯登及拉斯姆珊，兩位教授一開始也認為是正確答案，但後來又發現其中的失誤，於是阿貝爾思考得更加周延，終於成功證明出五次以上的方程式，無論用什麼方法，也不能僅就有理運算及開方而得解。而且這樣的一個難題，是由一個年約 20 歲的青年獨力解決，清楚說明了他的天賦是多麼的優異。

　　可惜大天才阿貝爾天生體弱多病，再加上祖國位處北歐酷寒的極地，他在被戲稱為「連思考都會結凍」的寒冷國度，過度苦讀的結果，最後染上了肺病。阿貝爾一邊與疾病奮戰，一邊仍舊持續研究，最後身體衰弱無

法支撐下去，於 1829 年 4 月 6 日以 27 歲之齡英年早逝。他在短暫生涯中留給後世的數學遺產，不單是五次方程式的研究及橢圓函數的研究，還發表了許多珍貴論文，在神祕奧妙的數理殿堂，點燃永遠不滅的火炬。

　　爲了紀念阿貝爾對現代數學的啓發與貢獻，早在 1902 年就有人推動成立阿貝爾獎，但因挪威與瑞典之間的分裂而作罷。2002 年，爲紀念他誕生兩百週年，挪威科學與文學學院依照諾貝爾獎模式設立了阿貝爾獎，用以獎助諾貝爾獎所沒有的研究領域——數學。2003 年頒發第一屆數學獎，得獎人是法國數學家塞爾（Jean-Pierre Serre），獎金約八十萬美元，是數學領域中的諾貝爾獎。

# 7 | 14 歲前連名字都不會寫的數學家

　　世上有各式各樣的人，有人被稱爲「萬事通」，無所不知、無所不曉，棒球、音樂、電影就不用說了，不只股票、物價、政治、經濟，任何話題大致上都有涉獵，甚至歷史、地理、人工衛星，還有導彈戰機、噴射引擎等，都能侃侃而談，比行家還像行家。談到南極探險時，連越冬觀測隊隊長也甘拜下風，圍棋、象棋都能對弈一番，聚會後的方城之戰也絕不吃虧，眞的是難得一見的人才，然而「多能即無能」，在這種類型的人當中，超群出眾卻無傑出長才的人比比皆是。

　　有句古諺：「博涉六藝，不如精通一藝。」六藝是指禮、樂、射、御、書、數。禮爲禮儀、樂爲音樂、射爲射箭技術、御爲駕馭馬車的技術，也就是馬術、書爲書法及文學、數爲數學，在平安時代的學問中，此六項爲主要科目（然而將數學列爲六藝之尾實在是太愚蠢了）。

　　因此當時立志做學問的人，一般都先修習六藝以爲基礎，然而太多自認才華洋溢的青年，都賣弄自己的博學多才。上述那則諺語，就是爲了告誡這些人而出現的。

　　相反的，有人天生資質駑鈍至極，數學、語言皆不擅長，不喜音樂、繪畫，不善與人交際，口才木訥、詞不達義，任誰都認爲這樣的人跟不上社會腳步，但我卻認識一位這樣的人，他最初是船員，勤奮努力的工作，最後出人頭地成爲汽船的船長。尤其是最近，這類的人不在少數，例如棒球、橄欖球選手或電影演員，都是憑著專精一樣技能而揚名於世。今日文明高度發展，分工日益精細，因此爲了憑藉一門專長而嶄露頭角，現代

人不再朝多才多藝、博學多聞的方向發展。

這令我不禁想起名耀世界數學史的大數學家施泰納（Jakob Steiner，1796～1863），他終其一生埋首於幾何學的研究，最後終於成為繼阿波羅尼奧斯之後，真正值得被稱為空前絕後的大學者。

各位在上幾何學時，應該曾聽過施泰納定理、施泰納的作圖題、施泰納公式、施泰納解法等，幾何學領域與施泰納相關的項目，事實上是不勝枚舉。

大學者施泰納並不像其他學者般，自小便被稱為神童，他與歐拉一樣都出生於瑞士的鄉下地方，家裡為貧困的農家。他天生相當遲鈍，學習能力差，父母也沒受過教育，因此打算讓他成為一介農夫，在山野放羊維生。他到14歲時，完全沒受過教育、目不識丁，連自己的名字也不會寫。然而上天並未埋沒他的才華。

剛好那個時候，歐洲最著名的大教育家佩斯特勞茲（Johann Heinrich Pestalozzi）借了伊維爾頓的古堡開設學校，招收許多學生，他先觀察每個兒童的個性，針對各人的天賦才能，採取發展其能力的特殊教育，其門下造就出許多英才。施泰納很幸運的受到這位老師的疼愛，在其門下受到薰陶，被發現他在數學，尤其是幾何方面，具有優異的天賦。

施泰納在這所學校第一次接受正規教育，他的數學才能立即展露鋒芒，尤其他在幾何學圖形方面，展現明智的判斷，連專家都望塵莫及，於是他下定決心，終其一生都要致力於幾何學的研究。

他在佩斯特勞茲的鼓勵下，進入德國的海德堡大學研究幾何學，後來1821年前往柏林，擔任家庭教師為生並勤奮不懈的持續研究。他在1832年發表著名的論文〈幾何學型態之系統性研究〉，名聲立刻傳遍歐洲，柏林大學特地為了他新開了幾何學講座，延攬他為柏林大學的教授。

　　然而施泰納雖然風光擔任柏林大學教授，但除了幾何學，其他數學一概不接觸。海德堡大學在學期間，也是只上幾何學課，對微積分或整數論完全不感興趣，其偏頗的學習方式令人難以想像。只要牽涉到幾何學的爭議，即使是大學者的意見，他也不會照單全收，大學上課內容也都是他的獨創發現，從不拿他人的研究現學現賣或是照本宣科。據說他上課十分嚴格，尤其是大多數的幾何問題，他幾乎不在黑板畫圖形，而是要大家在腦中想像圖形，便開始滔滔不絕的授課，因此學生都十分吃力。

　　直到他 1863 年 4 月 1 日過世為止，他把一生都奉獻於幾何學研究，從不間斷。原本綜合幾何學發源於古埃及及希臘，由於卡諾（Carnot, 1753 ～ 1823）、龐斯烈（Poncelet, 1788 ～ 1867）、以及蒙日（Monge, 1746 ～ 1818）等大師研究而有高度發展，而能有今日這般豐碩的成果，全要歸功於施泰納。

　　不只數學，要完成一件大事的第一要件，就是要集中全力於一點。俗話說：「運、根、鈍。」成功的要素就是貫徹運、根、鈍這三字，自覺天資不足，便靠著忍耐堅持，時時提醒自己要彌補自身的不足之處，這往往是成功的主要因素。

　　相反的，看起來聰穎的人能輕易的完成任何事，反而因為容易見異思遷而，無法專注在一件事情上。古人有句至理名言，用來警惕少年得志的才子：「才子恃才，愚者自愚，少年才子似愚者。」

# 8 ｜ 苦中作樂，才是真快樂

　　我還記得年輕時，年輕人琅琅上口的幾首詩中，其中有首詩的內容是這樣的：

　　　　白晝出現，

　　　　努力不要浪費光陰。

　　　　太陽永遠自遠方來，

　　　　又永遠隨夜晚離去。

　　　　人們看不見白晝，

　　　　無故捕捉其來去之影。

　　　　白晝出現，

　　　　努力不要浪費光陰。

　　我記得這是英國詩人湯瑪斯・卡萊爾〈Today〉這首詩其中的一節，深夜獨自在孤燈下，好幾次想到這首詩，我鬆懈的心情就會不自覺的緊繃，胸中熱血澎湃。我在過去 70 年的時光裡，自認並未比其他人怠惰，每次迎接新的一年時，總是慨嘆：「少年易老學難成。」尤其是邁入老年之後，感觸更深。詩仙李白曾說：

　　「夫天地者，萬物之逆旅。光陰者，百代之過客。而浮生若夢，爲歡幾何？」（出自李白〈春夜宴從弟桃李園序〉）。

　　光陰似箭，人生如夢，古人也說：「雁渡寒潭，雁去而潭不留影。」一隻野雁飛來，經過清澈的深潭，這是眼中可見的眞實世界，但是野雁飛走後，徒留空寂的世界，東方人自古以來普遍受佛教思想影響，會有感

嘆人生虛幻、世事無常的想法，然而我完全不贊同這樣的人生觀。

　　前幾天有位讀者送我高中的校內報紙，整份刊物充滿了活力洋溢的年輕人氣質，閱讀起來十分愉悅。在第四版的文藝欄中，刊載了許多以「青春的歡愉」為題的感想文。其中有一篇文章起頭便寫道：「我們生在極為不幸的年代。」接下來的內容是：「小學到中學，中學到高中，高中到大學，不斷經歷考試的煎熬，大學畢業後又面臨就業考試、資格考試，簡直就是被打入考試煉獄，青春的歡愉在夢境中都夢不到。」我看到這篇文章，心想現在的學生當中，應該不少人有這樣的想法，而去追尋錯誤的青春之夢吧。

　　到底何謂青春？何謂真正的快樂？我很贊同《菜根譚》所說的：「樂處樂非真樂，苦中樂得來，才是心體之真機。」意謂：尋歡作樂得到的歡愉，不是真的快樂。米開朗基羅有句名言：「我歡喜，我憂愁。」世上絕對不可能有不經歷痛苦而得到的快樂，也沒有不克服苦難而成功的人。

　　日本戰國時代名將山中鹿之助期盼主家再興，對著新月祈求：「予我七難八苦。」並吟詩道：「苦難不斷降臨我身，雖力量有限，但我將視為考驗。」要攀爬險峻的山坡，越過危險的溪谷，千辛萬苦登上山頂後，那時才真正可以體會登山的快樂。植物在黑暗中摸索延伸，成功的嫩芽要在領悟失敗的瞬間才會萌芽。無止盡的快樂象徵人生的破滅，不知愁的青春等同行屍走肉。

　　克服怒濤狂瀾，踏破萬岳千山後，抵達成功的彼岸，豎立起勝利的旗子，高唱凱歌之時，這才是真正的青春歡愉。

## 茶水間的數學點心

◆ 神機妙算？不過簡單數學

　　某天午休，A 同學請 B 同學寫出一個 0 以外的任意數（幾位數皆可），再乘以 18，之後在答案的數字裡消去任一位數（除 0 以外）後，請 B 說出剩下的數字，B 的答案是 236，請問 B 同學消去的數字是多少？

【提示】9 的倍數，將各位數相加後的總和，仍舊是 9 的倍數。

　　例如：　　$18 \to 1 + 8 = 9$　　　　　　　　$72 \to 7 + 2 = 9$

　　　　　　　$612 \to 6 + 1 + 2 = 9$　　　$31932 \to 3 + 1 + 9 + 3 + 2 = 18$

【說明】任意數乘以 18 後，得到的積可以被 9 除盡，因此各位數總和必定為 9 的倍數，由 $2 + 3 + 6 = 11$ 可知消去的數字應該為 7（總和為 18 的話可被 9 除盡）。

# 9 | 火車上的陌生人，啓發了我的人生

道在邇，而求諸遠。

——孟子

　　這故事已經有一段時間了，我去九州遊覽名勝古蹟，花了大約半個月的時間環遊全島，增長不少見識。

　　我當時在佐賀車站認識了一位搭同班火車、要前往鹿兒島的中年紳士。那位紳士是佐賀的在地人，對佐賀十分熟悉，我們邊看著車窗外的山川美景，他也邊跟我一一介紹，使我的旅途十分愉快。

　　火車正好抵達有明海岸，我一邊讚嘆風光明媚的海景，一邊向他詢問：「有明海和廣島、松島並列日本牡蠣三大產地，現在仍是如此嗎？」中年紳士得意的笑說：「本縣的牡蠣不論是品質，還是產量都是日本第一，前途看好。」他很驕傲的描述自己故鄉的產業、經濟繁榮的過程。

　　這位先生繼續說道：「說到牡蠣，你知道有位出身本縣的成功企業家，江崎利一嗎？他利用牡蠣加工的廢棄液體來製造營養點心，因而創造了上億的財富。」

　　我本來就不知此人為何，因而隨口回答：「不知道。」那位紳士就挨近我，微微一笑，娓娓道出以下的一段故事。

　　明治 15 年，江崎利一生於距佐賀市東方 1 里左右的蓮池町，家裡經營藥材生意，他自小頭腦聰明，高等小學畢業就專看講義集和雜誌來吸

收新知。有一天，他有事到有明海邊，突然撞見竹篩上的「生牡蠣」堆積如山。當時環境惡劣，沒辦法將生牡蠣直送中央，於是將牡蠣製成乾，從長崎出口到上海去，因此攤販的大鍋爐永遠都熱烈的熬煮著，鍋中的牡蠣滾滾而動，有時候湯汁都滾開得溢出來，店家以竹篩撈出牡蠣，把鍋中剩下的湯汁都傾倒水溝。

　　看到這情景，江崎利一想起曾在《藥業新報》之類的雜誌上，看到魚貝類中，尤其是牡蠣，含有最多的人體重要營養素肝醣（Glycogen）的相關報導，這在現代是人盡皆知的常識，但在明治時代中期，可是不得了的新知識。

　　於是江崎利一認為將這些大量湯汁倒入水溝，實在是太可惜了，心想是否能有其他用途，因而立刻要了 2 瓶一升瓶裝的湯汁，請九州大學醫學院的教授分析看看，結果證明裡面果真含有大量的肝醣，而且是高達34%〜45%精純的肝醣，據說他自己也頗感驚訝。

　　先前提及江崎利一是藥材商之子，從事藥材買賣，然而他常常思考：「現在的醫生或藥師，都只考慮到該給什麼樣的治療，或該開什麼樣的藥，才能使病人痊癒，但是未來的醫學目標，應該是預防勝於治療。預防的首要目標就是增進個人的健康，如此一來，未來的藥局應該要製造健康的人希求的東西，而不是治療病人的藥。」

　　他雖然沒上學，但一直以活學問做腦力激盪，因而思考模式與一般年輕人不同。他腦中立刻浮現的就是肝醣，他考慮將當地取之不盡的肝醣從藥用轉為食用，甚至想到以全國兒童為銷售對象，用肝醣為原料製成零食，一定可以開創出卓越的大事業。於是他立刻燃起雄心壯志，不眠不休的張羅起來，這就是孕育出現在名震天下的固力果公司（Glico）的搖籃。

　　很幸運的，江崎利一在當地很得人信賴，生意興隆，因而累積了相當大筆的資本，他也熟悉做生意的訣竅，於是他離開了故里蓮池町，前往大

阪找房子。正巧在南堀江附近有戶約 80 坪的房子要拋售，他就以便宜的價格買下了。然而這間房子是當地出名的鬼屋，所以沒人敢買，但江崎利一才不管妖怪或鬼魅會出現，認爲這反而是對自己有利的免費宣傳，所以毫不在意的在這裡展開事業。雖然不可能事事都一帆風順，但最後終於製作出新的營養點心固力果了。不過，爲了推銷這項產品而費盡的辛苦，實在是一言難盡。

明治、森永、新高等其他製造兒童零食的同業，相互爭食大餅，在這場競爭的混戰中，新上市的固力果突然加入競爭之列，在經營、銷售、宣傳戰方面都費盡辛苦，但江崎利一靠著與生俱來的韌性與努力奮戰到底，對他在佐賀的經驗及研究具有相當的自信，認爲「銷售戰就是宣傳戰」、「宣傳戰就是企畫戰」，他很熱衷的研究商業經營，拜託各地的小學，收集了許多兒童的畫，有猴子臉、象鼻、龜兔，還有企鵝、梅花、櫻花等，經過多次測試，最後選定了「一粒 300 公尺」的標語以及「賽跑選手抵達終點」模樣的商標，然後親自出面大力宣傳、賣力銷售，最後終於成功的在全國各地打開知名度。

那位中年紳士眞的很擅長說故事，我聽得完全入迷，然而我已排定要登阿蘇山了，所以在途中便互道再見。這不過是在旅途中聽聞的一個小故事，但卻是我人生旅途中很好的啓發。

孟子云：「道在邇，而求諸遠。」的確是句千古不移的名言。仔細觀察四周的話，會發現到處都蘊藏著可發揮實力的寶藏。若不留意生活週遭，反而一味追求好運、好高騖遠的話，實在是愚蠢之至。

即使整天盯著溪底，魚不會自動上鉤，就算偶爾出現魚群，沒有任何準備的人也仍舊毫無所獲。

魚並不是招之則來的，因此事先做好準備也十分重要，人的命運也是如此。

# 10 ｜ 今後就拭目以待吧

　　我出生於明治時代中葉，所以小時候曾遇到甲午戰爭，青年時期則遇過日俄戰爭，至於第一次歐洲大戰，發生在我中年之時。

　　當時世界上號稱最大強國的德國，軍隊總指揮是希特勒，他於 1940 年攻陷法國首都巴黎，勢如破竹，將對手逼退至波爾多之時，盟軍之一的英軍不敵大獲全勝的德軍，因而最後棄械投降，好不容易才趁著天黑之時，從比利時的敦克爾克港逃回英國。

　　接著德軍以在德國發明的新武器「V2 火箭」（現今的導彈前身）發動攻擊，從歐洲本土越過多佛海峽（Strait of Dover，位於英格蘭與歐洲本土最狹窄處），日夜轟炸英國，英國全國因而人心惶惶，盟軍士氣也頹喪不已。

　　當時的英國首相正是聞名的邱吉爾，他眼看英國未來處境堪慮，便立即飛往波爾多與法國總理雷諾德會面，提出英法兩國合作對抗德軍的建議，但當時法軍已完全喪失鬥志，決定對德軍投降，因而拒絕了他的提議。如此一來，英國就必須孤軍奮鬥，與稱霸全歐洲的德軍對戰了，這簡直是毫無勝算。英國參謀本部及閣員聽了邱吉爾的報告後，全都愕然失色。

　　而此時，坐在他們面前的首相邱吉爾神色泰然自若，目光炯炯的看著在座的人，開口說：「今後就拭目以待吧。」這句話決定了英軍及英國國民的未來。

　　這並不是謠言惑眾，也不是邱吉爾臨機應變胡謅的，更不是被逼急了卻硬不認輸。其實在他腦海裡早有一套祕密對策，那就是說服一直採取旁

觀態度的美國參戰。

　　於是他立即飛往美國與羅斯福總統會面，說服美軍加入盟軍，最後終於擊潰德軍，贏得最後的勝利。

　　這個故事對我們的日常生活來說，是個珍貴的教訓。人真正的價值在平穩無事之時，是顯現不出來的。當陷入逆境、面對徹底失敗之時，人的真正價值才會清楚顯現。有人「為逆境而哭泣」，也有人「勇敢面對逆境，奮勇應戰」，這兩種截然不同的態度，主導了一個人一生的命運，決定他的真正價值。

# 11 | 順應潮流，<br>但要走在前面一點點

　　順應潮流這句話可以用於好的方面，也可以用於壞的方面，一般說來，準備在社會上有一番作爲的人，眼光要瞄準時代的動向、觀察時勢，最重要的是不要迷失方向。

　　有啤酒王名號的馬越恭平先生是我的同鄉，他 13 歲時離家前往大阪的鴻池家擔任夥計，因爲具有非凡的才能而漸漸嶄露頭角。明治 6 年（1873 年）時到了東京，從月薪 4 日圓 50 錢的小上班族做起，一路晉升順利，明治 25 年時便擔任三井物產的高層主管。

　　馬越因公前往歐美各國視察時，在國外看到各國的啤酒銷售熱潮，看準將來日本對啤酒的需求一定也會增加，當時啤酒王的夢想已在馬越的心裡扎根了。

　　然而，當時日本雖然也有札幌啤酒、朝日啤酒、日本啤酒等 3、4 家啤酒公司，但口味不合日本人的胃口，大家都異口同聲的說啤酒的色澤宛如小便，口感苦澀、喝起來都是泡沫，根本無法跟日本酒相比，因此啤酒的風評不佳，銷售停滯不前，每間啤酒公司都虧損連連，幾乎要倒閉了。最後這幾家公司決定合併，改善品質、停止價格混戰，企圖再次出擊。

　　此時馬越心中早有抱負，於是接下重任，創設了大日本麥酒株式會社，合併了好幾家公司，自己擔任第一任社長，穩坐啤酒王的寶座。馬越除了活躍於實業界，一方面又參與政界，於明治 31 年當選第五屆眾議員，大正 13 年時又擔任終身貴族院的敕選議員，因功受封從五位勳三等，後於昭和 8 年（1933 年）以 90 歲高齡辭世。

我曾於縣民大會聽聞馬越的生平軼事。

馬越十分照顧後輩，有次（明治43年左右）慶應理財科畢業的Y先生，拜託馬越介紹工作。

當時財經界不景氣，Y應徵2、3家公司都失敗，因而意志消沉。馬越見狀，便對這個年輕人說：「你現在似乎急著找工作，但是任何優秀的人，一進入大公司埋頭做機械式的工作，大多數的頭腦就會僵化。賣命工作最多也只當個課長或部長，好不容易快退休了，卻又被革職，根本搞不清楚自己讀大學到底是為了什麼。怎麼樣？你有沒有打算獨自創業？」

Y聽了馬越的經驗談後，腦中興起了異常的靈感，興高采烈的回家了。Y仔細反覆思考後，發現到馬越果然厲害，他的成功歸因於他具有洞悉時勢的非凡慧眼，以及超乎凡人的勤奮努力，若能學習這一點的話，任誰都不需要擔心失敗。

Y很幸運，他父親是舉足輕重的證券經紀商，家中擁有相當的資產，於是他便向父親要了旅費赴美，一面實際學習商業，一面在當地的伊士曼商業學院（Eastman Business College）就讀。

當時正值第一次歐洲大戰結束，歐洲各國戰後一片蕭條，尤其德國最為嚴重，因此為了節省布料而將女性的裙子縮短，沒想到這樣的短裙卻掀起一股流行，從整個歐洲流行到美國。喜歡展現腿型美的美國女性，競相在短裙下穿上長襪，在街頭昂首闊步。

流行是很有趣的東西，並不是出於誰的命令，也沒有任何規則，但這股長襪的流行不一會兒就風靡了歐美各國。看到這股潮流的Y，開始想到日本人的布襪實在是太落伍了，他認為應該開始研究襪子以取代日本的布襪，同時供應國內需求以及外銷出口，這樣的事業一定未來可期。於是他畢業後立刻回到日本，設立了紡織公司，定位為專門製造襪子的工廠，結果公司業務蒸蒸日上，現在已經是資本8.5億的大公司了，是將來會日益

繁盛的出口產業之一。

我有一位朋友，三年多前離鄉來到東京創業、製作木屐，這位朋友因為看到他的朋友在廣島縣的松永，機械化生產木屐而大發利市，於是起而效尤，在東京開設工廠製造。然而，不知為什麼，今年春天他關閉了工廠，消失蹤影。我不清楚他失敗的原因，但是傳統的木屐在戰後不敵外來的涼鞋，因而走上衰退一途。只能說，我這位朋友欠缺掌握時代潮流的眼光吧。

在一本描述沃納梅克（John Wanamaker，有百貨公司之父的稱譽）事蹟的書中，曾提到他說過的一段話：

所謂的聰明人，是自己創造機會的人。

幸福的人，是喜愛自己的工作、全力以赴而無雜念的人。

知識與經驗是邁向成功的兩隻腳，必須要相互配合。

行走時只顧著低頭留意腳步的話，雖不會掉入小坑洞，但會撞到大面牆壁。

看過世界上許多的偉人傳記或成功者經驗，我們知道每一位都持續不斷地努力，以及對時勢的變遷都十分敏銳，毫無例外。

希臘哲學家赫拉克利特（Heraclitus, 535 B.C. ～ 475 B.C.）曾說過一句話，正說明了時代隨時都在轉變：

「萬物不斷流轉，太陽每一天都是新的，

　人無法兩次都踏入同一條河流中，因為新的河水會滔滔不絕的流走！」

掌握時代潮流的眼光，也就是「先見之明」的重要性，並不限於實業家，政治家、教育家、學者都應具有先見之明。當年德川幕府氣數已盡，

幕府軍隊宛如風中殘燭之時，就是因為當時身處爭權漩渦之中的人，勝海舟、西鄉隆盛等有識之士具有先見之明，才沒有掀起流血慘事，將江戶平和的交付官兵之手，因而使得明治維新大業順利推展。

# 12 | 你覺得自己聰明嗎？

　　中國歷史上的秦始皇，豪氣的征服四百多州，建築了萬里長城，但他兒子二世，卻是個養尊處優的昏庸皇帝。有一天有人帶來一隻鹿，二世皇帝問宰相趙高：「這是什麼？」趙高回答：「陛下，這是馬。」這位愚蠢的皇帝知道這是鹿而非馬，因而怒斥趙高，並轉問當時在場的群臣，然而大家更畏懼權臣趙高的淫威，無人敢反駁那不是馬，於是大臣們異口同聲附和：「陛下，這真是頭馬。」有人認為馬鹿（日語笨蛋之意）這個語詞就是出自這個典故。

　　當然這也許是後人編造的故事，但翻閱辭典，可發現馬鹿一詞的解釋如下：baka（馬鹿）一詞源自於梵語 moha（慕何）或 mohallaka（摩何羅）（皆為無知之意），是僧侶用語，馬鹿的漢字是後人借字添上。我很好奇的將此事告訴一位和尚，那位和尚告訴我：「印度自古以來就有階級制度。皈依佛道、磨練道德智慧的人，被稱為菩提薩陀，受人尊敬；愚蠢無知的人被稱為莫迦薩陀，受人輕視，因此 baka 應該是由莫迦一詞轉訛而來。」

　　這話題暫且不談，話說我有時會去看戲，其中有個場景是這樣的：

　　封建時代的諸侯中，屢屢出現像秦二世皇帝一樣愚蠢的人，因此引起不少騷動，黑田騷動、伊達騷動、加賀騷動等等不勝枚舉。在封建時代、諸侯武士的社會中，許多孩子都因身處特權階級而被慣壞，養成任意妄為的個性，許多人除了作威作福與吃喝玩樂之外，完全不知民間疾苦。這樣的人一旦在社會上遭遇磨練，通常不一會兒就不堪一擊，最後就如同先前提到的蠢皇帝般愚昧無知。這樣的人生在世上毫無用處，其一生也令人感

到同情。

　　我有時會認為世上有各式各樣的人，依其看法可分為三種類型，第一種是「一臉聰明相的聰明人」，第二種是「長相聰明的笨蛋」，第三種是「外型愚昧的聰明人」，除此之外也有「一臉蠢相的笨蛋」，但這一類的人完全不在討論範圍內。仔細觀察的話，你會發現在世界上這三種類型的人當中，最多的就是第二種，也就是「長相聰明的笨蛋」—— 亦即不知道自己是笨蛋、還以為自己很聰明的人。大多數的人都沒發現自己正是這類型的人。

　　一臉聰明相的聰明人並不多見，但是這類型的人屬於才氣煥發、聰明絕頂的才子，大多恃才傲物、輕視他人，人人敬而遠之，因此這種人成就不了大事。而外型愚昧的聰明人更是少之又少，這類型的人常出其不意的成就一番大事業，令人大為吃驚，世上的成功者大多屬於此類型，豐臣秀吉就是最好的例子。

# 13 | 太陽每一天都是新的，別惦記昨天的夕陽

希臘的著名哲學家赫拉克利特（也有人稱赫拉克利托司）曾說過：「萬物皆流轉。」、「人無法兩次都踏入同一條河流」等名言，其中隱含的奧義值得我們深思。

赫拉克利特在西元前 535 年左右生於小亞細亞的城市以弗所，出身貴族的他，天生愛好孤獨，不愛與人交際，研究哲學也不追隨名師、不收弟子，是個一生都勤奮不懈、獨自研究的怪人，其思想也有異於其他人的特色。

赫拉克利特還說過一句名言：「太陽每一天都是新的。」（The sun is new each day）我對這句話深感共鳴，年輕時常當成座右銘。中國也有一句相同意思的名句：「苟日新，日日新，又日新。」在人生道路上的勝利者，或是事業有成的人，全都跑在日新月異的社會之前，持續不斷的發展進步。

這讓我想起引進救世軍（編按：以軍隊的形式，並以基督教作為信仰基本的國際性宗教及慈善公益組織）至日本的宗教界偉人山室軍平先生，他年長我 14 ～ 15 歲，是我同鄉的前輩，我從他那裡得到許多教誨，終生難忘。山室明治 5 年（1872 年）生於備中阿哲郡的農家，16 歲時便離家，在築地的排版工廠當工人，賺取日薪 8 錢的工資，不間斷的勤奮篤行。

他從京都的同志社大學畢業後，受到英國世界救世軍創辦人布斯（William Booth）上將的禮遇（編按：救世軍這個宗教組織內的成員是

以軍階區分），因而加入救世軍，爲日本救世軍的傳道工作奉獻，後來晉升爲救世軍中將，他還是親身參與下層階級的救濟事業，除了更生保護事業，還在各地建立醫院、托兒所、免費收容所，開設傳道所等，和德國的楊卡、芬蘭的哈魯托曼女士同爲世界宗教界的偉人。我曾於山室過世前一年的年尾，在神田的救世軍本部與他見面。

　　當時正值太平洋戰爭爆發之前，日美之間的情勢告急，軍事當局的蠻橫行爲使人心騷動，憲兵隊一口咬定山室是特務走狗，日夜嚴格監視，山室因而日益消瘦，連旁人見狀都感到同情。然而山室對世界和平充滿熱誠，擔憂時局，他一邊擔心被人監視，一邊對我談及種種。我不知這是與他的最後一次見面，所以輕鬆的聊著，不知不覺時間就過去了。我們一起共用晚餐時，山室還談到年輕時的事情，至今還印在我腦海中，令人更加懷念。

　　山室說赫拉克利特的名言「太陽每一天都是新的」，是他最喜愛的格言，而他自己最開心的歲月，卻是在築地的排版工廠工作，寄給家鄉母親一半薪水時的心情。這番話的涵意讓人玩味。

# 14 | 幸福就在每一天的全力以赴中

　　F 先生打從高中一年級起，便是《聯考數學》的忠實讀者，今年自東大文科畢業，現在任職於東京都內的某企業。前幾天遇見好久不見的他，我為他的畢業感到高興，順便問起他畢業後的心境，結果他遲疑了一會兒說：「畢業之後真是毫無樂趣可言，若將準備聯考時期的快樂比擬為 9，那麼畢業的喜悅連 1 都不到。」

　　我不太清楚他的 9 或 1 的真正含意，但感覺得出他似乎對出社會後的幻滅感到悲哀。

　　數學史上少見的天才數學家巴斯卡（見第 1 章）同時還是偉大的哲學家，也是虔誠的宗教家。他過著嚴苛的修道院生活，全神貫注致力於科學與宗教的和諧，完成了不朽的名作《沉思錄》，其中也可看出他對人生的灰心失望，他在結語寫到：「我們一邊掙扎，一邊窒礙難行。」秉持堅定不移的人生觀是十分困難的。

　　若問人工作的目的到底為了什麼，得到的答案不外乎是為了追求幸福。通過入學考試、努力存錢、得到地位、選擇好的配偶，歸根到底不外乎全都是為了想得到幸福。那麼什麼是真正的幸福？幸福又在哪裡？要如何才能掌握真正的幸福？這是大家的共同課題。

　　我曾和幾個人一起去參觀西洋名畫展，看到一幅法國名匠所繪的成吉思汗圖，畫面是成吉思汗騎馬駐足在戈壁沙丘上，右手持矛，凝望著月亮，很有氣勢，吸引許多人的目光。有一位友人批評說：「你不覺得這幅畫不太有成吉思汗的氣勢嗎？畫中人的目光並沒有神韻。」

　　然而，我卻不這麼認為。成吉思汗的軍隊席捲全中國，又趁勢進攻俄國，甚至經過中亞，一一征服歐洲大陸，眼看征服世界的野心就要實現了，但他的心中一定沒有絲毫的滿足與幸福。他心想，勝利就是這麼一回事嗎？而「征服五大洲又能做什麼？」因而感到「勝利的悲哀」，所以才會悶悶不樂的凝望著月亮吧。說完後，再看著那幅畫，心中充滿無限感慨。

　　就如同比利時劇作家梅特林克所（Maurice Maeterlinck, 1862 ～ 1949）寫的《青鳥》般，真正的幸福不在他處，近在咫尺的家中的爐邊就可找到幸福。中國有句古諺說：「日日是好日。」真正的幸福就在每一天全力以赴，做著充滿希望的工作之時。不只人類，所有生物都必須處在不斷「戰鬥的環境」中，才能成長、發展、進步，因此我們才會需要勇氣。

　　古希臘聖人伯里克里斯（Pericles, 495 B.C. ～ 429 B.C.）說：「幸福是自由的果實，而自由則是勇氣的果實。」真是值得深思。

# 15 | 鬥志，是堅持努力的態度

　　西方有句話說：「條條大路通羅馬。」中國也有一句相同的諺語：「條條大道通長安，平坦如砥。」長安位於中國陝西省中央的渭水盆地中心，是隋唐時代的首都，繁榮了一千多年。

　　人的一生充滿波瀾，不斷起伏，一不小心就錯過走上大道，很多人都沒見識過首都長安就結束了一生。然而，也有人終其一生，全神貫注於一點，一心一意繼續走著大道，這樣的人最後必定能在長安城頭高唱「人生勝利」的凱歌。

　　不管哪條路，堅持走自己的路，就一定能有所成就。西畫家的世界級巨匠兒島虎次郎大師，就是最好的典範。這位大師出身貧苦，畢生寄託於畫筆，不斷致力於鍛鍊畫功，最後終於成為名西畫家。大正 9 年（1920年）被選為世界美術界最高榮譽的法國國民美術協會的正式會員。

　　其作品被視為世界級名畫，收藏於盧森堡美術館，大正 10 年被選為帝國美術院會員，大正 15 年於皇室展展出的名畫〈白衣少女〉及〈瑞典的少女〉被視為國寶級名畫，同一年兒島大師接受松方家的委託，揮毫出明治神宮美術館的壁畫〈對俄宣戰布告御前會議〉，留下雄偉的大作。後來於昭和 2 年（1927 年）被選為皇室展評審，昭和 3 年獲頒法國政府授與的榮譽勳章，為日本的西畫界揚眉吐氣。兒島大師真的是近代偉人立志傳記中，首屈一指的優異人物，激勵啟發了後人。

　　兒島大師出生於距我老家 4 公里左右的小村莊成羽町，年紀長我 6 歲，因此大師的孩提時代我十分清楚。大師自小便喜愛繪畫，但當時與

現在不同，喜歡繪畫或音樂的孩子，地位就像敗家子或不良少年一樣，令人嫌惡，他父親十分擔憂，因而送他到坂本町的塗料商當學徒。然而大師的意志堅定，整天做著勞力工作，晚上則趁大家都熟睡之時，偷偷看著小學的練圖本，勤奮的練習運筆，但不知何時被店家老闆知道了，因而被革職。其父母大為驚訝，苦勸他放棄畫畫，但兒島大師的意志堅定不移，最後離家上京，進入名畫家藤島武二的門下學習西畫，這是大師跨入西畫界的第一步。

明治35年（1902年），他得到倉敷的富豪大原孫三郎的支援，進入東京美術學校的選修課程就讀，由於他與生俱來的天賦及異常的努力，在學時即跳級，於明治37年順利畢業，接著又進入研究所就讀。當時他的同學當中，不乏和田三造、山下新太郎、青木繁等畫壇的大人物。

明治40年他以優異的成績自美術學校研究所畢業，在同年舉行的東京博覽會，他以力作〈情之庭〉及〈家鄉水車〉參展，結果得到崇高的一等賞，自此聲名大噪。〈情之庭〉後來由皇室購下收購，〈家鄉水車〉現在則陳列於倉敷市大原美術館。

大多數的人若能有此成就，就不自覺的開始有了驕氣，自以為「我已贏了世界」，一般都會購置豪宅，過著悠然自得的生活，但兒島大師卻不一樣。他精益求精的心情益發旺盛，於是想到國外遊學，明治41年1月他遠赴法國，進入美術學校學習，第二年又進入比利時的美術學校就讀，接受當時歐洲最頂級的大師直接指導，繪畫技巧更加出神入化，明治44年於巴黎官方沙龍展展出其作品，使歐美人士大為驚豔。

明治45年終於以第一名的成績，自比利時根特的美術學校畢業，此時他已完成繪畫的學習，便於大正元年（1912年）衣錦還鄉，次年2月與岡山孤兒院的創辦人石井十次的長女石井友子結婚，於倉敷附近的酒津開設畫室，走入家庭生活。

　　然而兒島大師生性澹泊名利，一心一意執著於繪畫，深居於酒津的山莊裡，日以繼夜的畫畫，卻不曾想過藉繪畫來謀生。

　　很遺憾的，這位曠世巨匠於大正 3 年 9 月因突發腦溢血而病倒，待病情稍有起色，便再度拾起畫筆，接受宮內廳的委託，揮毫畫作〈靹〉（編按：音同「冰」，日本地名），後來在進行壁畫大作的過程中，病情再度發作，進入岡山醫大附屬醫院治療，卻於昭和 4 年（1929 年）3 月與世長辭，享年 49 歲。

　　昭和 5 年大原孫三郎建立大原美術館，陳列兒島虎次郎的代表作及他收藏的西畫等，將其偉大的成就流傳後世。我前幾年曾去過這間美術館，欣賞了兒島大師的照片及他的許多偉大作品，感慨萬千。

## 茶水間的數學點心

◆ 攝氏和華氏，什麼時候相等？

　　攝氏是以水的冰點為 0 度，沸點為 100 度，其間分成 100 等分，攝氏 37 度寫為 37℃，C 是取自於攝氏（Celsius）的第一個字母。

　　而華氏是以水的冰點為 32 度，沸點為 212 度，其間分為 180 等分，華氏 50 度便寫為 50 ℉，F 是取自於華氏（Fahrenheit）的第一個字母。華氏的數字看起來不像攝氏完全是整數，而華氏的數字是依據什麼標準訂定的呢？說法之一是：1712 年左右，德國物理學家丹尼爾‧華倫海（Daniel Gabriel Fahrenheit, 1686 ～ 1736），將冰與鹽化合物混合後所能測到的最低溫度訂為 0 ℉，概略的將人體溫度定 100 ℉，兩者間等分成 100 個刻度，因為他希望用正數來表現各種常見溫度。

　　若要將攝氏溫度換算為華氏的話，運用公式即可算出。

　　　　公式：$C \times \dfrac{9}{5} + 32 = F$

　　相反的，若要將華氏換算成攝氏的話，可利用下列公式換算。

　　　　公式：$(F - 32) \times \dfrac{5}{9} = C$

　　例如：攝氏 35 度換算成華氏是幾度？

$$35 \times \dfrac{9}{5} + 32 = 95℉$$

　　華氏 86 度換算成攝氏是幾度？

$$(86 - 32) \times \dfrac{5}{9} = 30℃$$

【問題】冰點以下攝氏與華氏所顯示的度數相同，此時溫度是幾度呢？

【說明】假設所求的度數為 $x$，表示上列的公式中 $C = F = x$，解出方程式 $\dfrac{9}{5}x + 32 = x$，得到 $x = -40$，也就是說 $-40℃ = -40 ℉$

# 16 | 源頭決定結局

在一首美國的詩歌中，曾有以下的描寫：

看！落在屋頂上的數滴細雨。

落在北邊的，

　　　將注入哈德遜灣。

落在南邊的，

　　　將流入墨西哥灣。

然而如這般地，

南北相隔千里。

其最初卻僅有分寸之差，

　　　由於微風一吹、飛鳥振翅，

就足以決定二水的命運。

　　假設洛磯山的山頂上有一間小木屋，想像屋頂上降下一陣細雨，無心滴落的雨滴，落在北邊屋頂的將慢慢地注入哈德遜灣，相反的落在南邊屋頂的雨滴將流入墨西哥灣吧。

　　同時落在同一地點的雨滴，一邊流入哈德遜灣，一邊卻流入墨西哥灣，南北相隔千里之遠，然而其源頭卻僅有分寸之差，而一陣微風或飛鳥振翅，就決定了兩水的命運。雖然是很平實的描寫，但其中含有寓意深遠的教誨。

　　本章先前也介紹過，以啤酒王封號風靡一時的馬越恭平先生（見第

202 頁），在 13 歲時不顧父母反對，擅自離家，畢竟只是個 12、13 歲的孩子，完全不識世事，只是一心追逐夢想，離開了故鄉木之子村（現在的岡山縣井原市），卻不知該往何處。他一步步走到笠岡町，心中想著接下來該往哪兒去而不知所措，該往西行南下九州求職呢？還是往東走北上大阪工作？

　　他坐在路旁的大石頭冷靜思考，突然腦中浮現母親的教誨，母親平時教他，人們若苦思不出辦法時，就向上天祈禱，遵從上天的指示。於是他誠心的仰望東邊的天空，雙手合十，將身邊的竹杖直立地面，決定：竹杖若倒向東邊，就往大阪去，若倒向西邊，就去九州。

　　就在此時，竹杖倒向了東邊，他相信這就是神的指示，於是決定去大阪。他很快就到大財閥鴻池家當夥計，這就是他出人頭地勇往直前的起點。不論是之前提到的雨滴，還是馬越的故事，人一生中一定會有兩次、三次站在命運的交叉口，應該說人宛如一直走在明暗分明的雙曲線上比較貼切，人的一生因此而決定。尤其是年輕時描繪的夢想，爲善爲惡都決定了此後的人生命運。因此立定志向一定要周密謹慎。

# 17 | 我還擁有一隻腳

　　希臘神話中，上古人類相信我們所居住的世界是圓形且平坦的，許多神都居住在奧林匹斯山上或德爾菲神殿，在世界南端的修佩魯波雷歐依（樂園之意）與北端的修佩魯波雷歐依，分別住著幸福的人民，那裡是沒有生老病死、紛爭的極樂世界。然而，隨著時間變遷，出現了許多壞人，於是神命克羅托、拉克西絲、阿特洛波斯三女神掌管人們的命運。

　　命運女神將自己紡織的線纏在每一個人的身上，手持大剪刀，隨興之所至便毫不留情的一刀剪斷命運之線。有人驚恐萬分慌張的落入谷底，有人跳入火中，也有人神色自若的面見宙斯，找到新的平原。這是外國流傳的神話，雖然只是個小故事，但其中的啟示值得深思。

　　人生路途複雜多歧，並不會像數學 1＋2＝3 那麼簡單，也就是說命運的決定，不論甘願與否，所有人都是共同的宿命。

　　岡山附近有個地方叫做中庄村，有一位名為中山龜太郎的人，5 歲時因火車意外，兩手與左腿都斷掉了，他雖然僅剩右腳，但仍舊在東洋大學修完了倫理學與教育學，又考上了文部省的中等教師（相當於現今的高中教師）資格，在文部省的社會教育局擔任勞工教育中央會的講師，戰爭時擔任陸、海軍的顧問，也擔任軍事保護院的講師。為了使傷兵自立更生，於是現身說法，到全國各地奔走出差。

　　許多讀者應該知道，現在中山先生一邊為金光教（日本的神道教派之一）傳教，一邊擔任大學生的宿舍生活指導員，住在小金井市的金光教東儂宿舍，每天為了社會教化事業而忙碌。

我第一次見到中山，是在昭和 21 年（1946 年）的春天。

他的右手腕僅剩 1、2 寸，卻能靈巧的運用僅剩的手腕、右腳以及嘴巴來吃飯、走路、騎腳踏車、釣魚，自己操作縫紉機幫孩子縫補衣服，也可以用手腕夾住剃刀，輕鬆的刮鬍子，他也會修時鐘等，簡直跟神一樣萬能。寫字時，他以口含著毛筆，輕鬆書寫出各種大小字體，而且字寫得比專家還好看。我聽說他的左腳裝上義肢，甚至爬上富士山兩次時，簡直驚訝得不得了。

我拜託中山當場揮毫，他寫了「愛惜命運善用命運」幾個字，並說了以下的一段話。

「我比別人窮，而且身體殘缺，過著人生最絕望的日子，深切的感受命運的捉弄，我好幾次自暴自棄，企圖自殺。但是由於神的引領，我的想法有了很大的轉變。自己雖然沒有雙手及左腳，但神給了我可以看見世界的雙眼，可以說話的口，聽得見聲音的雙耳，都是值得感謝的恩典。我覺得運用這些來生活，就是善用命運的方法，於是我來到東京，擔任無聲電影的解說員賺取學費，念到大學畢業。」

人因為咒罵命運、憎恨命運，痛苦才會日益增加，煩惱日益增多。相反的，將任何事都視為神的試煉，而愛惜命運的話，無論遇到任何逆境，都可以發現生存之路。

每次看到因聯考失利而引起的各種悲劇的報導時，我相信心中感到難過鬱悶的，應該不只我一人。關於這一點，中山說：「無論遭逢任何逆境，都不可咒罵命運，應該以愛心善用命運。我沒有雙手也沒有左腳，然而這都是我自己的命運，煩惱、悲傷都是枉然。有那樣的時間，不如利用剩下的右腳、手腕、眼、口，找出善用身體的方法。身體雖有殘疾，但心裡絕不能有殘疾。」

　　「以擔憂的心去建立信心」、「黃金手杖會彎曲，而木頭或竹子做的手杖會折斷」、「以神為指引手杖的可以放心」，傳布這些金光教教義的中山，其熱誠的信念即充滿感恩、感謝每一天，聽到的人莫不肅然起敬。

## 茶水間的數學點心

◆ 粗心大意，比不懂更糟！

　　某一天早晨，掛鐘響了 6 下，表示 6 點到了。父親問兒子：「假設現在鐘響了 6 下花了 6 秒鐘，正午 12 點時鐘響，從開始到結束要花幾秒？」兒子一臉不屑的答說：「一定是 12 秒嘛。」這就是粗心大意導致犯錯的最佳例子，請問實際上到底是幾秒？

【說明】6 點的時候，每聲鐘響之間共有 5 個間隔，正午 12 點時，每聲鐘響之間有 11 個間隔，因此下列的算式是成立的。

$$5 : 11 = 6 : x \qquad \therefore 5x = 11 \times 6 \qquad x = 13.2 \quad (秒)$$

# 18 | 教育是因材施教，不是把鐵變黃金

前文談到中山龜太郎的故事，在他的著作《信仰的世界》中，有一則以「希望」為標題的故事：

中山在某婦女講習會演講時，有位男子得到特別許可而得以入場，在都是女性的會場中出現了一位男性，而且這位男子只穿了短褲，光著上半身，心想他應該會感到不好意思而坐在後方旁聽，誰知他越過婦女往前移，就在正面的最前方坐下來了。

本以為在場的女性會嚇得花容失色，沒想到大家都神色自若。原來這位男子是這個鎮上無人不知、無人不曉的名醫「半裸醫生」，他擁有醫學博士，是內科小兒科的開業醫生。演講結束後，這位醫生對中山說：「小孩子都是裸身來到世上的，即使是有錢人也好，貴族之子也好，沒有人是穿著衣服出生的。都是母親認為小孩感冒、吃壞肚子而讓他們穿上大量衣服，即使小孩熱得冒汗了，還是讓他穿著，還又纏著背帶背在背上，這麼一來皮膚的抵抗力都消失了。裸身出生就該讓他裸身長大。我也是一年到頭打赤膊，結果身體好得很。」

他讚揚完裸體的好處後，問了我一個問題：「我結婚沒多久，內人就懷孕了，由於我想要男孩，於是努力祈求上天，結果生出來的是女兒。隔一年內人又產下一兒，運氣不好又是女兒。我不斷祈求上天賜個兒子，結果內人生了 9 個孩子，全都是女兒，真是失望極了。這個問題以現代科學難以說明，我們夫婦一直生不出兒子，以宗教觀點來看，是否有什麼神祕的宿命或因緣？」

他說這話時，皺著眉頭、一副很嚴肅的表情。

中山回答他：「即使現在已經能製造原子彈，發射人工衛星，但科學再怎麼進步，目前的階段還是無法製造出生命體，更何況是決定男女性別。

孩子是神賜予的，孩子生來就背負神授與的使命。神不會賜予不必要的東西的。無論被賜予什麼樣的孩子，父母都應該對孩子懷抱希望，努力完成神的心意，男女並不是問題。」

中山說：「我們利用各種金屬，例如金、銀、銅、鐵、鉛，但並不會說金比較珍貴，鉛毫無價值，瓦斯的鉛管、電燈的保險絲都是鉛做的。而金、銀再怎麼值錢，但要製作廚房的菜刀、耕田的鐵鍬時，金、銀根本派不上用場。金有金的使命，鐵有鐵的使命，鉛也有鉛本身的使命。人也是如此，目前的教育，不論老師或父母，不都是在勉強大家都要成為金子嗎？

教育絕對不可以這樣，鐵就是鐵，銅就是銅，鉛就是鉛，讓其各自發揮所長，同樣的道理，了解任何孩子都有其特殊使命的老師或家長，絕不會有勉強讓鐵或鉛全都變成金的想法。孩子就與從山裡挖掘出的礦石一樣，外行人是無法判斷礦石的種類、也不知其成分的，於是教育的必要性，就應運而生了。

正確的教育應該是如同對待礦石般，對孩子進行科學性的分析，了解礦石中金、銀、銅的成分比例，仔細研究後，再送進各自適合的精鍊所，若沒充分分析礦石，全都一併送到精鍊所的話，大多都會成為不倫不類的廢物吧。」

我看完這本書後，深有同感。《朝日新聞》曾報導：東京都的某間知名中學，學生從一年級開始便努力準備聯考、被迫唸書，學生書唸得疲憊不堪，據說家長還認為這樣才是真正的一流學校，拚了命、想盡辦法讓

孩子越區就讀。這篇報導與中山的一席話兩相對照，令人格外感慨。

　　被稱爲世界發明家的偉人愛迪生，他幼年時是劣等生，學校認爲他不能與一般學生一起就讀，因而拒絕他入學。然而他賢明的母親決定就算爭口氣，也要自己教育這個孩子，終於培育出歷史上的偉人。以進化論在歷史上綻放不朽光芒的達爾文，也由於體弱多病無法上學，在母親的努力下，爲世上培育了一位偉人。這些都是父母挖掘出孩子的天賦才能，進而使其發展的例子。

　　大戰前有一位學生跑來找我學數學，他的父親是陸軍中將，位居參謀本部要職。其父一心希望他繼承衣鉢，因而要他考了兩次陸軍士官學校，然而兩次都失敗了。於是父母拚了命一定要他考上，請了英文、數學、國語三位家教，而且一週還要來我這兒上兩次數學。

　　我問了他本人的想法，原來他原本就討厭當軍人，英文、數學也完全不行，根本沒自信考上，然而父母嘮叨，所以勉爲其難的參加考試，他哭著說乾脆離家出走好了。我不禁同情起他，問他最喜歡什麼，話未說完他馬上回答：「畫畫。」於是我立刻跟他父母討論，讓他們放棄逼他當軍人，而現在他已經是位活躍於畫壇的名人了。

　　論語有句話說：「匹夫不可奪志也。」即使以父母的權威強迫他當軍人，卻也無法左右孩子與生俱來的天賦才能，千萬不可犯下「矯角殺牛」的愚蠢錯誤。

# 19 | 閱讀的目的不只是看書，還在於思考

前些日子，我看了在私立學校教育問題研究會進行的「學生閒暇時間利用狀況調查」的報告，發現其中有幾個值得關注的事實。戰前的中學生或高中生閒暇時間從事的活動，依序是閱讀、電影、運動、音樂；然而在這次的調查中，電視躍居第一位，運動第二，閱讀落到第五名。

由於電視的迅速普及，大家都反應一般家庭孩子的學習，明顯受到了影響，然而學生的閱讀時間也被電視侵蝕了不少，因此這樣的傾向持續演進的話，不知不覺便會習慣成自然，早晚會養成厭惡閱讀的壞習慣，這實在是令人擔憂的情況。

尤其是今日的中學生及高中生，由於伴隨教育體制而來的升學壓力，使得他們很難擁有輕鬆的閱讀時間，因此為了完全理解、消化學校每天的課程，突破聯考難關，難怪即使有空閒時間，也不會想要閱讀課外讀物。然而，抱持這種想法而忽視「閱讀」，度過青春時代的話，未來到底會變成怎樣的人呢？國中、高中時代是人一生中在「性格塑造」上無可替代的最重要時期，因此關於這個時期的生活方式，是不是需要更加慎重呢？

說到閱讀，就必須提到著名的英國學者羅素（Bertrand Russell）了，他生於 1872 年，高齡 89 歲時仍老當益壯的持續研究，他身為世界頂尖的數學家、哲學家、歷史學家、文化評論家，且極為活躍。這位大學者以閱讀欲望旺盛出名，據說他常逢人便說：「沉浸於萬卷書中，是最快樂的事。」「我即使閉上眼睛，也都在閱讀」，這句話的含意是說，真正的閱讀不是只有閱讀書籍而已，還要安靜思考。思考的功夫正是閱讀的要點、

精髓。雖說閱讀，但若是喜歡翻閱無聊的閒書，只求一時的快樂，或只是盯著毫無意義的活體字排列，都是百害而無一益的事，只有為思考而閱讀，自閱讀衍生而出的思考，才是閱讀的價值所在。

羅素自年輕時便對數學極有興趣，他深入了解數學後，發現數學的最高境界是與哲學相通的，於是開始研究哲學，寫下《數學原理》這本哲學巨著，其內容艱澀難懂，直到今日，能徹底了解這本書內容的學者，全世界應該不到 10 人。

羅素後來又從哲學轉入歷史學的領域，研究世界民俗治亂興亡的軌跡，以精闢的眼光批評，接著又觀察現今的世界情勢，發表了數篇政論文章，引起全世界的輿論討論。報紙都大幅報導這位 89 歲的老哲學家，呼籲全世界抗議美蘇因「柏林問題」對立而引發的核彈危機，他的主張得到很大的迴響。人能活到 89 歲高齡，已經難能可貴，而一心鑽研哲學及科學上的難題，簡直是超人，更何況像羅素博士這樣，以其高超見識，站在世界前頭，引領輿論等行為，不得不說是人類奇蹟。

他不屈不撓的精神，就是拜年輕時便習慣於閱讀之賜。我們應該從這位偉人身上學習的，就是他所說的思考習慣，真正的閱讀就是要不斷的動腦思考。

在述說羅素少年時期的一本書中，曾有如下的一段描述：有一天少年羅素正在庭院拚命揮著鋤頭掘洞，他父親看到這情況，便問他在做什麼，羅素一本正經的說：「書上說地球是圓的，所以我要挖洞看看！」還有他看到母親每週日都上教會，便問母親去做什麼？母親告訴他耶穌基督的故事，羅素便問要如何才能看到神？人是看不到神的，天使在我們睡著時會守護著我們，於是他好幾晚都緊閉著眼睛裝睡，伸出右手在黑暗中亂抓，想要捉住神。所以由此可看出，羅素自小便有追根究柢的精神。

　　總是說因為準備考試沒空閱讀，或是聯考考上之前都沒時間閱讀的學生們，是不是認為所謂的閱讀只是看看雜誌，讀讀小說之類的呢？聯考科目的英文、數學、物理、化學、社會等等，全都是在人格塑造上所需要的，其中可思考的問題可說是源源不絕。

　　自古以來便是哲學家丟出疑問，科學家調查、研究問題內容，而大眾分享成果。為哲學家的疑問解出答案的人便是科學家，人對於萬物的源由、內容都會感到疑問，人會為了解決疑問而思考，這正是人類與動物的不同之處，也造就了社會進步，而這正是我們需要閱讀的原因。

## 茶水間的數學點心

◆ 題目極難，答案極簡

　　兩頭黑牛及白牛自東西相距 4 公里處同時出發，以時速 2 公里的速度往彼此的方向跑去。此時黑牛背上有一隻虻（編按：音同「蒙」）蟲，在黑牛出發的同時以時速 10 公里的速度往白牛飛去，虻蟲停留在對向而來的白牛背上後，立刻又飛回黑牛背上。假設虻蟲一直這樣來來回回的在兩頭牛之間飛行，請問兩頭牛相會時，虻蟲已經飛了幾公里？

　　從父親那裡聽到此問題的高中三年級學生武男，心想這是無窮等比級的應用題呢？還是該利用微積分解題呢？他立即在筆記本上寫下方程式，而此時完全不懂複雜數學的妹妹富子，立即答出正確答案：「10 公里。」富子是如何思考這題問題的呢？

【說明】兩頭牛相會要花 1 小時，而虻蟲的時速為 10 公里，因此不論飛往東或西，1 小時總共飛行的距離仍舊是「10 公里」。

# 20 | 別怪社會無良，它本來就如此

據說自古以來在印度深山，有時會有老虎或野狼捉走剛出生沒多久的嬰兒，以野獸的奶餵養嬰兒長大。前一陣子有位探險家出了一本書，書名為《狼女》（*Wolf Girl*），其中有一段這樣的故事：

距今三十多年前，在高達伐利河上游的深山裡，有個出生不久的嬰兒被野獸攫走，失蹤了 8 年。然而有一天，這位探險家偶然在深山的洞穴裡發現一位少女，後來確定就是那個失蹤的嬰兒。

少女 8 年來一直在野獸群中成長，即使後來回到父母身邊，對於父母餵養的食物毫無興趣，只生吞活食活雞、貓、小狗等。她的發音器官也完全退化，發出的聲音如狼吼一般，更可怕的是每當晚上醒來，就會發出令人毛骨悚然的狼嚎，一聽就令人不寒而慄。

花了 3 年時間才教會她以雙腳行走，12 歲時的語言能力還只是 3 歲的程度，一生過著狼女生活。我有時會在電視或收音機聽聞類似這樣的事情，所以似乎是真有其事。

人類與其他動物的差異中，最令人難以理解的，是人類待在母親胎中的時間明明比其他動物長，卻還是以發育尚未完全的狀態誕生。貓和狗一生出來就會搖搖晃晃的走路，人類的嬰孩如果生下來放任不管的話，絕對無法成長，而且在環境及養育方式方面，也不會有很大的轉變。

在以「斯巴達教育」一詞聞名的希臘斯巴達地方，將小孩幼年時期的環境教育視為全體社會的責任，不容許對孩童有不良影響的一切事物，進行徹底的社會教育。

　　最近常出現「沒有明天的人生」或是「沒有明日的青春」這類的詞彙，我本來以爲是外國電影的片名，想不到竟是冷血犯下罪行或大案子的可怕青少年。前幾天，也有一個 19 歲的年輕人大白天搶劫仙台銀行，得手 160 多萬，他一身模仿電影的裝扮，玩具手槍、藍色圍巾加上墨鏡。

　　更早之前，有兩所私立高中生在東京工業大學的校園內械鬥，除了 16 歲少年被刺死外，還有十多人受傷，事件的起因是被殺少年的友人被對方學校的學生搶走金錢，於是彼此聚眾械鬥，大家手持木刀、蝴蝶刀、棍棒、短刀等互相攻擊，最後甚至殺了人，簡直是小題大作。

　　正好當天早上，最高法院的長官在少年法庭法官會議上說：「最近的少年犯罪實在令人憂心，淨化環境是最重要的工作。」他力倡青少年輔導爲當務之急，沒想到話才說完，當天就發生了這件事。除此之外，竊盜、集團偷竊、強盜、傷害，以及其他犯罪行爲，都常登上報紙版面。

　　然而根據警視廳的統計，有個很明顯的現象就是，犯下這類罪行的人，出身中產階級以上者，反而較家境貧困者爲多，犯罪年齡也急遽下降，年齡層集中在少年。不知情的只有家長，一個疏忽，不知不覺就發生了令人意想不到的事件。

　　世人看到這個現象，往往就指責起現代教育的缺陷，尤其痛批道德教育的欠缺。但這並非只是教育工作者的責任，這是整體社會及大人應該強烈反省的問題。但值得深思的是，有的人將少年犯罪歸咎於社會環境的污染，不過這只是藉口，根本是毫無道理。

　　黃河之水歷經百年也不會變得清澈，社會的黑暗面無論多久都無法洗滌乾淨，因此今後青少年本身、教育工作者、父兄、一般成人，最重要的是練就能擺脫環境不良影響的本領。

　　佛教的基本經典中有一本蓮華經，日蓮宗就是誦唸南無妙法蓮華經。佛教的信徒十分喜愛代表信仰象徵的蓮華（蓮花），蓮花是在泥濘的淤泥

裡扎根，莖卻一點都未沾染泥巴，直挺挺的向上生長，頂端開出潔白無瑕的花朵，而大片蓮葉上即使撒上泥水，也會聚集成圓滾滾的水滴滑落水面，而蓮花的根是縱橫生長的蓮藕，是人類桌上的佳餚。

　　我們的社會就宛如蓮花池的淤泥，絕非潔淨無瑕的聖地，有黑暗的一面，當然也有光明世界，混沌的相反一定也有清明澄淨。蓮花從淤泥充分攝取養分而成長，且綻放出純白無瑕的美麗花朵，我們應該以蓮花為借鏡，只有自律嚴謹，才是一個人的生存之道。

## 茶水間的數學點心

◆ 淘汰賽─圖解要用對時機

　　4 支棒球隊將進行淘汰賽，賽程如圖 A 所示，以 3 場比賽決定優勝隊伍。而若是 5 支隊伍比賽的話，就如 B 圖所示，總計要比賽 4 場才能決定優勝隊伍。

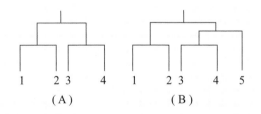

（A）　　　　　（B）

　　那麼 100 支隊伍參加淘汰賽的話，要歷經幾場比賽才能決定出優勝隊伍？請不要畫賽程圖，直接回答。

【說明】每比賽 1 場就會有 1 支隊伍遭到淘汰，因此 99 場比賽就會淘汰 99
　　　　支隊伍，僅剩 1 支優勝隊伍。

【答】99 場比賽。

# 21 | 小學畢業當數學老師，
一切都靠自己學

　　通常會自述個人傳記的人，若不是傑出的人物，就是自不量力的蠢蛋。我雖然明知這一點，仍在此自述個人經歷，其實是有不得已的理由。

　　我為學生寫了各種參考書，發行雜誌，許多參考書、雜誌的作者通常都會在自我介紹的部分，清楚明白的打上頭銜、經歷、現職等，而我的作品中的作者欄卻什麼資料都沒有。有些學生相當不客氣的來信指教：「這本書裡沒有寫出作者履歷，你是哪一間大學畢業的？有博士學位嗎？現在是做什麼的？」

　　當然來信者並非出於惡意，這是無心之過，我也沒有絲毫責備之意，也不會耿耿於懷。我有時也會想將這些來信全都揉進垃圾桶裡，但偶爾還是會回信，不過常常抽不出空來。站在學生讀者的立場來看，當然會想要了解作者的背景經歷，因此我曾有一陣子以印刷的明信片回覆：

　　我是沒學歷、沒地位、沒頭銜的一介老書生，就像藤蔓植物石松一般，只是默默地活到今日……。

　　但後來也因為嫌麻煩而不再回信。

　　反正我的經歷不多，我想，若透露自己的背景資料的話，或許多少也會有人會看一下，於是我索性在《聯考數學》雜誌上刊登一篇文章（1964年），我想本書的讀者當中，應該也會有人好奇，於是我不打自招，先寫下自己的經歷，望能博君一粲。

## ■ 我的少年──小學畢業當老師

從鐵路山陽線的岡山車站分支出來，通往米子的伯備線上，有個名爲備中高梁的車站，在此站下車進入 3 里遠的深山裡，有個名爲川上郡手莊村（現已成爲高梁市）的偏僻村落。

我在明治 20 年 11 月出生於此，我家距豆腐店半里，距賣酒小店 1 里，我就在這樣的鄉下環境下成長，14 歲自當地的高等小學畢業後，立刻加入村裡的青年團（當時稱爲年輕同伴），和哥哥幫忙家中的農事 1 年左右。

然而，生來身體虛弱的我不適合務農，卻又沒有其他專長。某天小學校長問我：「以你的身體條件沒辦法務農，那你要不要試看看考小學教員？」我聽完眞是丈二金剛摸不著頭腦，我作夢也沒想過教員考試、當老師之類的，首先 14、15 歲的孩子根本考不上，然而初生之犢不畏虎，當時我問校長：「什麼是老師考試？」

就這樣，我開始晚上到校長家上課，準備參加一項名爲普通小學儲備教員，最簡單的教員資格考。我本來就沒想過考上的問題，也沒想要當老師，但既然校長建議，我就在 16 歲的春天參加了考試。

但很碰巧的，在縣公報上，合格者的最後一位竟然出現我的名字，我本來以爲是弄錯了，後來收到證書時，才知道一切都是眞的。

## ■ 菜鳥老師，月薪 6 日圓

薄薄的一張儲備教員證書，在鄉下地方也沒有人會雇用我當教員，所以我從早到晚仍舊幫忙著農事。

然而，明治 37 年爆發了日俄戰手，年輕男性幾乎都被徵召，被送往

滿州，小學教員因而嚴重不足，我想自己也許會被雇用為代理教員。

　　17 歲時的春天，我從開滿杜鵑花的對面山頭，背著木柴回家時，發現桌上放著一封掛號信，寄信單位是川上郡郡公所學務課，我不經意的打開信封一看，信上寫著：

　　　　任命為岡山縣川上郡吹屋普通小學儲備教員，

　　　　但為普通科儲備教員職務。

接下來還有：

　　　　支給月俸 6 日圓。

　　我正心想我終於等到了，腦中突然一片空白，有一種奇怪的感覺，像我這樣 16、17 歲的孩子真的可以當老師嗎？第一吹屋位在距我家 4 里以上的銅山町，是川上郡的一流學校，我心想我竟要去這麼棒的學校工作，而且 6 日圓要如何生活？事到如今已經無法臨陣退縮了，於是我接下這工作，但要前往赴任時，卻突然發現自己沒有像樣的衣服、鞋子、帽子，跟鄰居借，也沒有人有，於是母親與姊姊臨時張羅，當天我穿著兒童時期的短外褂，棉織的和服褲裙加上木屐，一身古怪的裝扮偷偷摸摸的前往吹屋普通高等小學，站在學生面前談話。

　　即使現在回想起當時，有時還是會覺得丟臉、滑稽得冒冷汗或忍不住笑出來。

## ■教書也得力爭上游

　　如果用相撲制度來比喻的話，儲備教員就相當於最初級力士的見習員一樣，是最下級的教員，尤其是自己年輕沒經驗，課也上得不好，但學

生看我年輕容易親近，每天老師長老師短的，很聽我的話。於是我也很認真的上課。家長來時也不會輕視我是年輕老師，於是我開始覺得教書是件愉快的工作，自己說不定很適合教書。一直當最下級的儲備教員也不是辦法，說不定哪一天還會被革職，而且 6 日圓的薪水不夠生活，我必須要再唸書、通過更上一級的考試才對。

當時小學教員的階級，由下至上依序分為，普通小學儲備教員、小學（高等科）儲備教員、普通小學正式教員、小學（高等科）本科正式教員共四個階級。

雖然之前的考試是靠運氣考上的，但掌握了唸書的訣竅，自學也讀出了樂趣，於是我打算跳過中間兩級，直接報考小學本科正式教員。雖然有些魯莽輕率，然而本科正式教員的資格考試並不容易，由於一次要考師範學校的所有科目，對自學者來說實在十分吃力，而且考試科目包含了道德、教育、國語、漢文、法制、經濟、數學、物理、化學、動物、植物、礦物、生理衛生、地理、日本史、東洋史、西洋史，還有音樂、體操、繪畫、書法，要將這些一一記憶背誦，實在是極為艱鉅的任務。老實說，我之前從沒想過自己會比別人更用功，但為了準備這項考試，我拚命努力，不眠不休、竟然沒病倒，我現在有時回想起來，還會感到不寒而慄。

小學的工作極為忙碌，我珍惜每分每秒，拚死拚活的不斷唸書，終於在 20 歲秋天考上了。

## ■考場失利，造就我另番成就

我在吹屋小學工作了一年多後，調回家鄉的小學，我考上本科正式教員，是在調職到這間學校之後的事了。

雖然我通過了資格考試成為小學老師，但我仔細反省，自己並沒任何

長處、才能，即使多少有些優點，一直這樣當個小學老師，終其一生封閉在這鄉下地方，實在是太沒骨氣了。但現在也不能轉做其他領域的工作，可以的話，就考個中等教員、高等教員的資格，在專業方面更上層樓。

偏偏我天生笨拙，沒有什麼特殊專長，技能類的科目我完全沒輒，語文、文學不在行，地理、歷史、物理、化學也沒自信，唯獨自小對數學方面特別有興趣，但也沒有好好學習。當時要成為中學（現在的高中）的老師（非高等師範學校畢業者），必須通過文部省舉辦的教員檢定考（通稱為文檢），於是決定除了自己念數學外，別無他法。

頭腦稍微聰明的人，如果立刻到東京唸書的話，應該會覺得文檢沒什麼大不了的。但像我這樣的井底之蛙，雖然自覺魯莽，仍舊勇往直前的打算靠自學來實現目標，我沒有可討論的朋友、前輩，也沒有參考書，就這樣的拚命苦讀，當時我已經 25 歲了。

以前的人說「人生 50 年」，25 歲剛好相當於半生，都這個年紀了，還依舊盲目沒有目標的話，最後是不會有任何成就的。我正打算自己掌握未來時，藉由介紹認識了高梁中學的數學主任東儀文美，這位老師也是通過文檢的人，十分和善親切，由於老師的關係，我才能從中學圖書館借到參考書，學習研究數學的要領。

正好這一年（大正 4 年秋天），高梁中學缺數學老師，由於東儀力薦的關係，我進入這間中學任職。由於我還沒拿到資格，所以學校給我一個代理助教的頭銜。

當時的高梁中學地處鄉下，因此學生的氣質有點粗野，但大家都很認真唸書，歷屆畢業生中也出了不少名人。當時的校長是柳井道民，是聞名全國的人格高尚的人物，因此老師都是精挑細選出來的優秀人士。

初來乍到這間學校的我，年紀最輕、月薪最低、能力最弱，簡直跟學

生沒什麼兩樣。因此雖然教科書上的題目也有教，但每天學生提出的課外問題讓我傷透腦筋，當時的我過著和夏目漱石的小說《少爺》裡的情節極為相似的生活。來到這所學校之後，由於有圖書館，且有時間唸書，我的實力很快的進步了。學生也因為我年輕而喜歡親近，每天與我一同討論、思考許多問題。不只在學校如此，學生也都常擠到我家，宛如私塾一般。

　　現在回想起當時的情況，許多學生提出的問題中，有些相當困難的科目及罕見的題目，其中也有不少問題是因解不出來而投降放棄的，我將這些問題全都整理成卡片收集起來，沒想到累積了驚人的數量，這些對我準備考試都很有幫助，而且後來還成為我的《幾何學辭典》、《代數學辭典》及其他著作的題材。

　　「田裡的雜草，將其掩埋，最後會成為肥料」

　　就這樣，我在這間學校邊教學生邊研究數學，同時也準備文檢的考試，全都配合得剛好。不過當時文檢的數學科考試，每年都有將近一千名的考生，各地方政府先個別舉行考試，大概其中 50 ～ 60 名的合格者到東京再接受正式測驗，能通過最後一關口試的人只有十多名，是相當嚴苛的考試。有的人天資聰穎，20 歲左右一次就考上，但也有不少人考了多達10 次、15 ～ 16 次，好不容易才考過第一關，卻在途中落敗。

　　但是這項考試並不是一開始就考數學的所有科目，當時考上中學（師範學校、中學、高等女子學校）的人，要依序一科一科考過三角學、解析幾何、微積分。我在第一關後每次都失敗，第二年在正式測驗的口試部分失敗，第三年終於一償宿願，通過考試。

　　我的前半生十分平凡，就是不斷的考試，若是當初有進正規學校求學，應該 3、5 年就可輕鬆取得資格，我卻因為歷程曲曲折折，而多吃了好幾年的苦頭，浪費了 14 ～ 15 年的光陰。

在一般人看來，考取一紙證書簡直是微不足道的小事，但當時我由於十多年來彈精竭力全心應考，所以會因為一張文檢的合格證書，圓滿的畫下句點，而感到如釋重負。

「渾然不知已過 15 個年頭」，這正是我當時的心情寫照。

當我在文部省考場的合格公告欄上找到自己的號碼時，眼淚剎時奪眶而出。也許有人認為，為了極為平常的檢定考哭哭笑笑，實在是太無聊了，但「要笑我愚蠢就笑吧，只有真正懂得人才懂」，沒體會過考上的喜悅的人，是不會了解個中滋味的。

## 43 歲，東京，我來了

我在高梁中學愉快的度過 15 年，高梁這個城市山明水秀，氣氛與京都相仿，環境寧靜、人情味濃，是適合居住的好地方。但我天生個性急躁，不易安定下來，考試告一段落後，我開始思考自己的未來，回顧之前的歷程，自覺即使我愛好數學，也無法在數學界闖出什麼名號。

不過，跟我一樣通過資格考的森本（清吾）先生持續不斷的唸書，最後成為理學博士權威，我的朋友 F 先生及 M 先生也進了東北大學就讀，不間斷的持續研究。我不打算與這些友人互相較勁，也不想終其一生待在這所山裡的中學。幸好我手邊有長久以來一直收集的數學問題解答，還有偶爾記下來的數學史資料等等，都已經塞滿了好幾個行李箱了。我心想，世上應該有像我一樣打算自學數學的人，也有不少學生為了聯考深受數學之苦，所以如果我將數學有系統的整理，編成數學辭典，或出版以聯考為主軸的雜誌的話，應該會有同好閱讀吧。還有，若開設以數學、理科為主的學校，會是怎麼樣的光景呢？於是我離開了家鄉，遷居至東京。

當時是昭和 4 年 4 月，我 43 歲。

我當時的日記裡寫下了幾句心情感言：

和松樹比高矮的藤蔓啊，

你看，深山裡的美麗常春藤，

映照著夕陽獨自微笑。

（編按：隨想錄中收錄的文章為作者於 1957 ～ 1965 年間完成的作品，

2007 年中文版中增補了 1965 年以後的事件發展。）

Biz 230

# 茶水間的數學（暢銷30年重版新書）

學校這樣教數學就好了，光靠死背沒有用，每個公式、定理，都是一則思考的故事
（原書名：學校這樣教數學就好了！〔上〕──最有趣的故事，啓發你用數字思考的能力）

作　　　者／笹部貞市郎
譯　　　者／文子
責任編輯／劉宗德
美術編輯／張皓婷
副總編輯／顏惠君
總 編 輯／吳依瑋
發 行 人／徐仲秋
會　　　計／陳嬅娟、許鳳雪
版權經理／郝麗珍
行銷企劃／徐千晴、周以婷
業務助理／王德渝
業務專員／馬絮盈、留婉茹
業務經理／林裕安
總 經 理／陳絜吾

出 版 者／大是文化有限公司
　　　　　臺北市 100 衡陽路 7 號 8 樓
　　　　　編輯部電話：（02）23757911
　　　　　購書相關資訊請洽：（02）23757911 分機 122
　　　　　24 小時讀者服務傳真：（02）23756999
　　　　　讀者服務 E-mail：haom@ms28.hinet.net
郵政劃撥帳號／ 19983366　戶名／大是文化有限公司

法律顧問／永然聯合法律事務所
香港發行／豐達出版發行有限公司 Rich Publishing & Distribution Ltd
香港柴灣永泰道70號柴灣工業城第2期1805室
Unit 1805, Ph.2, Chai Wan Ind City, 70 Wing Tai Rd, Chai Wan, Hong Kong
Tel: 2172-6513　　Fax: 2172-4355
E-mail: cary@subseasy.com.hk

封面設計／林雯瑛
內頁排版／陳相蓉
印　　　刷／緯峰印刷股份有限公司
出版日期／ 2007 年 11 月 5 日初版
　　　　　2019 年 7 月 29 日三版四刷　　定　　價／ 340 元（缺頁或裝訂錯誤的書，請寄回更換）
I S B N ／ 978-986-94811-2-0
　　　　　　　　　　　　　　　　　　　　　　　　　　　　　　Printed in Taiwan

國家圖書館出版品預行編目（CIP）資料

茶水間的數學（暢銷30年重版新書）：學校這
樣教數學就好了，光靠死背沒有用，每個公式
、定理，都是一則思考的故事/ 笹部貞市郎著；
文子譯.--三版.--臺北市：大是文化，2017.07
240面；17 × 23公分 --（Biz；230）
譯自：新訂　茶の間の数学（上）
ISBN 978-986-94811-2-0（平裝）

1.數學 2.通俗作品

310　　　　　　　　　　　　　　　106007546